知っているようで知らない

燃焼雑学ノート

中井多喜雄　著
石田　芳子　絵

燃焼社

はじめに

　"火を焚く"つまり燃焼という現象は太古の時代から利用されてきた、いわば人類の歴史とともに利用し応用してきた最も古くからある技術であります。

　古い時代は、燃料としては木材や家畜の糞など"地球にやさしい"バイオマスエネルギーが主であったが、産業革命以後は、化石燃料が主流を占め、産業の発展・生活の向上に伴い、消費量は激増したわけです。

　近年、石油の究極埋蔵量は約2兆バレルで、2040年頃には枯渇するとされ、また、天然ガスも究極埋蔵量は204兆m^3で、2060年頃には枯渇するといわれています。ただ、石炭については確認可採埋蔵量は1兆392億トン（究極埋蔵量は8.4兆トン）で、枯渇するのは2210年頃とされることが救いといえますが、石炭の燃焼については、種々の問題点があることは周知のごとくであります。

　こういった見地から、廃プラスチック類や廃タイヤ、建築廃木材などの産業廃棄物は無論のこと、家庭ごみまでも"新燃料"として有効利用されるようになり、また、水素エネルギー等のクリーンエネルギー、そして太陽・海洋エネルギーなどの自然エネルギーの有効利用も徐々にではあるが実用の域に入りつつあります。

　化石燃料の大量消費は二酸化炭素の大量発生につながり、地球温暖化といった地球環境保全の立場から全世界的視野で

解決しなければならない大きな問題となっています。しかし、現実にはまだまだ問題点の多い化石燃料に全面的に依存しなければなりません。

　したがって、燃焼業務に従事する技術者は、燃焼・大気汚染防止技術を十分にマスターし、省エネルギーや公害防止につとめる責務があるといえます。そこで本書は、それら技術者の勉学の一助になればとの思いで、化石燃料（可燃性廃棄物を含め、火薬および核燃料を除く）に関しての燃焼理論・燃焼特性・燃焼方法・燃焼装置・燃焼操作の実務など、燃焼という現象のもろもろについて皆様方とご一緒に勉強しようとの思いを込めて、学非才の身をも顧みず執筆した次第ですが、繁簡当を得ぬところや誤謬があるやも知れませんので、大方のご叱正を賜わるとともに、本書が読者各位の斯界における実務そして勉強の一助として、お役に立てばこのうえもない幸甚です。

　素晴らしいイラストを描いて下さいましたイラストレーターの石田芳子先生のご尽力に対し厚く御礼申し上げます。

中井多喜雄

目　　　次

第1章　燃　焼　概　説
- (1) 燃料としての条件のあらまし…………………… 8
- (2) 燃料の分類の概略………………………………… 9
  - ① 固体燃料……………………………………………10
  - ② 液体燃料……………………………………………10
  - ③ 気体（ガス体）燃料………………………………10
- (3) 燃焼とは？…………………………………………11
- (4) 燃焼の3要素をよく理解しよう…………………11
  - ① 可燃物………………………………………………13
  - ② 熱源（点火エネルギ）……………………………14
  - ③ 支燃物………………………………………………14
- (5) 完全燃焼と不完全燃焼どこが違うのかな？……15
- (6) 煙の正体とその本当の怖さを知ろう！…………16
- (7) 燃焼に種類があるの？……………………………18
  - ① 定常燃焼と非定常燃焼……………………………18
  - ② 発炎燃焼と不発炎燃焼……………………………19
- (8) 気体燃料の燃焼のプロセスは？…………………21
- (9) 液体燃料の燃焼のプロセスを知っておこう……23
- (10) 固体燃料の燃焼プロセスは複雑だよね…………26

⑾　炎（火炎）って分かるわなぁ―………………………27
　　①　外炎……………………………………………………29
　　②　内炎……………………………………………………29
　　③　炎心……………………………………………………30
⑿　"炎"だって種類があるみたいだね ………………………30
　　①　移動炎と定常炎………………………………………30
　　②　酸化炎と還元炎………………………………………31
　　③　輝炎と不輝炎…………………………………………31
⒀　炎の色と温度との関係のあらまし……………………32

第2章　燃 焼 理 論

⑴　燃焼反応も化学反応の一つでっせ……………………36
⑵　炭素の燃焼反応とは……………………………………37
　　①　炭素が完全燃焼した場合の燃焼反応………………37
　　②　炭素が不完全燃焼した場合の燃焼反応……………40
⑶　水素の燃焼反応とは……………………………………41
⑷　理論空気量のお話………………………………………45
　　①　可燃元素の燃焼反応に必要な酸素量………………46
　　②　可燃元素の完全燃焼に必要な空気量………………49
　　③　理論空気量……………………………………………52
⑸　理論空気量の計算は難しそうだね……………………52
　　①　固体および液体燃料の理論空気量（容積の場合）
　　　　の求め方………………………………………………53

― 4 ―

② 固体および液体燃料の理論空気量（重量の場合）
の求め方……………………………………………54
③ 気体燃料の理論空気量の求め方………………55
④ 各種燃料の理論空気量の概略値………………59
(6) 燃料に必要な過剰空気量とは？……………………61
① 過剰空気……………………………………………61
② 空気過剰係数（空気比）…………………………63
(7) 過剰空気量とその燃焼に及ぼす影響をよく理解
しておこう………………………………………………67
① 燃焼ガスの成分……………………………………68
② 燃焼ガス中の炭酸ガス量…………………………71
(8) 過剰空気の燃焼に及ぼす影響を再認識しておこう…80
① 燃焼ガス量…………………………………………80
② 燃焼温度……………………………………………83
(9) 燃焼効率と熱効率はどう違うのかな？……………87
(10) 一次空気および二次空気とは、どう違うねん？……88
① 一次空気……………………………………………88
② 二次空気……………………………………………90
(11) 発熱量の計算って難しそうだね……………………93
① 高発熱量の計算……………………………………94
② 低発熱量の計算……………………………………96
③ 高発熱量より低発熱量の概略換算方法…………97

第 1 章 燃 焼 概 説

(1) 燃料としての条件のあらまし

　空気中で燃える物質は非常に多くあり、例えば紙、布、木そのほか米や麦も燃えるわけで数えあげればきりがない。このように空気中で燃える物質のことを可燃物というのであるが、可燃物すべてを燃える物であるからといって燃料とはいわないのである。

　では"燃料"とはどういう物質をさすのであろうか。広義的にはともかく狭義的には「燃料とは気体、液体または固体で、空気中で容易に燃焼し多量の熱を発生するもので、その発生熱量を経済的に利用し得る物質を総称する」と定義することができる。

　そこで実用上、燃料としていかなる条件が必要であるかというと、

① 随時、容易にしかも豊富に調達ができること。
② 貯蔵、運搬および取扱いが簡単でかつ便利であること。
③ 価格が低廉であり、発熱量が大きくかつ燃焼が容易であること。
④ 使用上、危険性や有害性を伴わない、あるいは極めて少ないこと。
⑤ 燃料の排出物(燃料を燃焼させた場合に生ずる燃焼生成物)が、大気や水質などの環境を汚染しない、または極めて少ないこと。

などが挙げられる。

　これらの条件にかなう物質が燃料というわけである。したがって米や麦などは可燃物ではあるが燃料ではなく、一般的

> 重油，灯油，軽油の高発熱量　　　41860～43953 kJ/kg
> 液化石油ガス（LPG）　〃　　　100464～108836 kJ/Nm³
> 天然ガス　　　　　　〃　　　　31395～46046 kJ/Nm³
>
> ガス燃料の低発熱量は高発熱量の90%程度です

各種燃料の理論空気量

燃　料	理論空気量 (kg/kg)	燃　　料	理論空気量 (m³/Nm³)
石　炭	7～10	都市ガス（20930 kJ/Nm³）	24.0
コークス	8.5～12	天然ガス（39767 kJ/Nm³）	9.52
重　油	14.5	ＬＰガス（93766 kJ/Nm³）	4.58
灯　油	15		

＊Nm³とは0℃、1気圧の気体の体積

にいって石炭（固体）、石油（液体）、ガス（気体）などが以上の条件に適合した燃料ということになる。

(2) 燃料の分類の概略

日常一般に使用されている燃料、例えば炭、薪、石炭、石油、ガスなど燃料には多くの種類があるが、ボイラーに関係する燃料を大別すると核燃料と化石燃料に分けることができる。"核燃料"は例えば原子力発電用としてなじみがあり、"化石燃料"は太古の時代に繁殖していた動植物が地中に埋もれ炭化、化石化したものである。主成分は炭素と水素の化合物で、このほか若干の酸素、いおう、窒素、灰分、水分などが含まれる。本書でいう燃料も一般にいわれる燃料も、

すべて化石燃料のことを意味しているのである。したがって以後、化石燃料とはいわずにたんに燃料と示すので、燃料といえば化石燃料のことをさしていると解釈しなければならない。

燃料を分類する場合、いろんな見地から分類することでき、例えば

① その形状により、固体燃料、液体燃料、気体燃料の3種に
② その生産方法により、天然燃料と人工燃料とに
③ その用途により、家庭用燃料と工業用燃料とに、あるいは動力用、加熱用、反応用とに

分けることができる。

現在、主として使用されている燃料の種類はつぎのごとくである。

① 固体燃料

天然固体燃料としては石炭、木材があり、人工固体燃料としては石炭類ではコークス、煉炭、微粉炭、木材類では木炭などがある。

② 液体燃料

天然液体燃料としては石油原油があり、人工液体燃料としてはガソリン、灯油、軽油、重油などがある。

③ 気体(ガス体)燃料

天然気体燃料としては天然ガスがあり、人工気体燃料としては石炭ガス、水性ガス、発生炉ガス、溶鉱炉ガス、液化石油ガス(プロパンガス)、都市ガスなどがある。

(3) 燃焼とは？

　燃焼とは物質が酸素または酸素を含む物質と化合して化学変化を起し、その結果、熱と光を出す現象をいう。一般的には、固体、液体、気体を問わずいずれも炭素（C）、水素（H）、酸素（O）などの元素がいろいろの形に結合されてできており、これが急速に空気中の酸素と化合して熱と光を発生する現象が燃焼である。いずれも最後には炭酸ガス（CO_2）、水蒸気（H_2O）などに転換されるが、その際の発生熱量をできるだけ有効に利用するのが燃焼装置の目的である。

(4) 燃焼の3要素をよく理解しよう

　燃焼という現象を生ずるには、つぎの3つの条件が揃っていなければならない。すなわち、

① 燃えるものつまり可燃物（燃料）があること。
② 可燃物が燃え出す温度、つまり当該燃料の着火温度以上に熱せられるための熱源（点火エネルギ）があること。
③ 酸素供給体つまり新しい空気いわゆる支燃物が十分にあること。

の3つであり、この可燃物（燃料）、点火エネルギ、支燃物（酸素）を"燃焼の3要素"（燃焼の3条件）といい、このうちのどれか1つが欠けても燃焼が起こらないのは無論のこと、これら3つが同時に存在することが燃焼にとって必要不可欠となる（なお燃焼の継続は次々と分子が活性化されて、連続的に酸化反応を続けることにより進行するが、この連鎖反応を燃焼の要素に加えて"燃焼の4要素"ということもある）。

燃焼の3要素

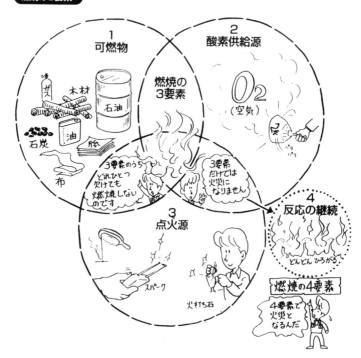

　例えば、びんの中に火のついたローソクを入れてふたをすると、ローソクの炎はだんだん小さくなりまもなく消えてしまう。またこのびんの中に新しい火を入れてもやはりすぐに消えてしまう。これはびんの中の空気中の酸素が可燃物（ローソク）と化合して、炭素ガス（CO_2）や水蒸気（H_2O）などの他の物質に変わり使い果されてなくなってしまったからである。

3つの要素がそろわなければ燃焼はおこらない

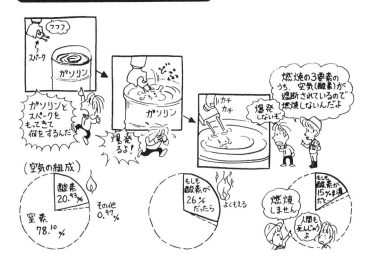

　また酸素が十分ありしかも温度が著しく高いという点火エネルギがあっても、可燃物がなければもちろん燃焼は起こらない。燃焼の3要素のいずれの1つが欠けても燃焼は起こらない。

① **可燃物**

　燃えるものつまり"可燃物"（可燃性物質）には酸化されやすい物質のすべてが含まれることになるが、実際には酸化しにくいもの、反応熱の小さいものは可燃物とはいわないのが普通である。またすでに酸素と化合してもはやこれと化合できないものはもちろん可燃物とはなり得ない。例えば炭酸ガス（CO_2）は飽和の酸化物であるからこれ以上酸化し得な

いので燃えようがないわけである。

　可燃物の数は極めて多く有機化合物の大半はそれで、木材、石炭、石油、メタンガスなどいわゆる燃料がそうである。すなわち燃焼工学上における可燃物とは燃料を意味しているのである。

② 熱源（点火エネルギ）

　可燃物が燃え出す温度つまり当該可燃物の着火温度以上に熱するためのエネルギを"熱源"（"点火エネルギ"や"点火源"ともいう）といい、この熱源が可燃物と酸素を活性化させるつまり着火させるためのエネルギになる。

　燃料の燃焼室内における着火は一般に、
① 　炉壁または火炎からの放射熱
② 　燃焼ガスとの接触

などにより行われるが、前者は燃料を着火させるための熱源としてよりは燃焼を継続させるための熱源となる場合が多く、狭義での着火熱源としては後者の「燃料と燃焼ガスとの接触による」ことを意味していると解してもよいほどである。

　すなわち燃料を着火させるための熱源「燃焼ガスとの接触」としては燃焼工学上一般に、マッチや点火棒あるいは点火バーナ（パイロットバーナ）などの火炎いわゆる燃焼ガス、または電気点火栓による高電圧アーク（電気火花）などが用いられる。

③ 支燃物

　燃焼には可燃物と熱源のほかにさらに"支燃物"が必要不可欠なわけで、燃焼が酸化反応であるから支燃物は酸素とい

うことになる。

　酸素供給体という支燃物としては、一般に空気中の酸素がその役目を果すのである。

(5)　完全燃焼と不完全燃焼どこが違うのかな？

　燃料を使用する目的は燃料の燃焼熱を経済的に利用することであるが、まず燃料の可燃成分を完全に燃焼させて発生熱を最大にしなければならない。燃料の可燃成分が全部燃焼しきった場合を完全燃焼、そうでない場合を不完全燃焼という。そこで燃料を完全燃焼させるためには、つぎの3要件を満足させなければならない。

　完全燃焼を行うに必要な基礎的要件は、

① 　燃料の着火温度以上の温度を持続すること（燃料を空気の存在下で加熱し、他から点火しないで燃焼を開始する最低温度を着火温度または着火点、発火点ともいい、液体燃料が加熱されるとガスを発生し、これに小火炎を近づけると瞬間的に光を放って燃えはじめる。この光を放って燃える最低温度を引火点という）。

② 　必要な空気を供給し、可燃物との接触を十分にすること。

③ 　燃焼生成物（水、蒸気、二酸化炭素、一酸化炭素など）を適当に排除すること。

　もし以上の条件に合致しなければ不完全燃焼となり、可燃ガスや可燃物の一部が未燃焼のまま排出されるから燃料の損失となる。

ところで、未燃分を残さないで燃料を燃焼しつくしたといって、その供給空気量が著しく過多な場合は完全燃焼ではなく、筆者はこれを"不完全燃焼"と称している。

(6) 煙の正体とその本当の怖さを知ろう！

消防法令上「煙とは火災によって生じる燃焼生成物」と定義されている。「燃焼生成物」とは、燃焼工学の専門用語であるが、これを単純に考えてみよう。

可燃物の可燃成分は炭素と水素であるが、その大部分は炭素と考えて差し支えない。この炭素が完全燃焼した場合と、不完全燃焼したときに生じる燃焼生成物を比べると、つぎのようになる。

　　炭素が完全燃焼＝炭素ガス（二酸化炭素）
　　炭素が不完全燃焼＝二酸化炭素と一酸化炭素と炭素微粒
　　　　　　　　　　子（すす）と酸素欠乏空気

そして不完全燃焼の度合いが著しいほど、燃焼生成物中の二酸化炭素の割合は少なくなり、一酸化炭素とすす、および酸欠空気の割合が増加する。

燃焼工学上、"煙"は炭素の不完全燃焼により生じるすす（炭素微粒子）をいい、これが煙を黒くする原因なのである。"火災"は可燃物の著しい不完全燃焼の現象であるから、煙（すす）、一酸化炭素、酸欠空気の他に、いろいろな有毒ガスを含んだ燃焼生成物が著しい高熱で発生し、消防法令上では、"煙"と表現されているわけである。

一酸化炭素は恐ろしい一酸化炭素中毒の原因となり、酸欠

空気は酸素欠乏症（窒息死）を引き起こす。さらに、煙は著しく視界を悪くし、もちろん高熱であるから、高所へ向かって3〜4倍に急膨張する。

　煙（燃焼生成物）の水平移動速度は0.5〜0.75 m/秒、垂直

煙のこわさ

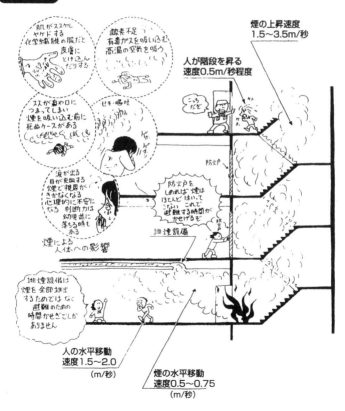

方向の上昇速度は 1.5〜3.5 m/秒といわれ、4〜5 階のビルなら数秒間で最上階まで達してしまう。

ビル内で火災が発生し、消火活動が遅れると、いろいろな有毒ガスを含み、高熱で、かつ視界をさえぎる煙が充満し、消化活動はもちろんのこと、避難上にも大きな障害となる。煙は"こわい"の一言につきる。

(7) 燃焼に種類があるの？

各燃料によってその燃焼の仕方はそれぞれ異なり、燃焼の種類の分けかたには多くあるが、一般的な分類を示すと次のようになる。

① 定常燃焼と非定常燃焼

"定常燃焼"は普通一般の燃焼をさしているわけで、可燃性気体が大気中に噴出して燃焼する"非混合燃焼"と、あらかじめ可燃性気体と空気とを混合させてこれをバーナより噴出させる"混合燃焼"とがあり、日常われわれが利用しているのはほとんどこの定常燃焼であり、例えばプロパンガスや都市ガスあるいは石油などの燃焼がそれである。なお、非混合燃焼は、例えばバーナで 1 次空気をまったくあるいは十分に入れずに気体燃料を噴出し燃焼させるが、この場合、空気中の酸素が炎の表面よりその中心に拡散して燃焼が完了するので、"拡散燃焼"ともいう。

"非定常燃焼"はいわゆる"爆発"（爆発とはふつう、非常に高温を伴う迅速な燃焼で、気体が急激に膨張し爆音および周囲に機械的破壊力をおよぼす現象）が該当するわけで、可

燃性気体と空気との混合ガスが密閉容器中で点火されると、燃焼の結果生成されるガスの量的増加と燃焼熱によるガスの膨張による圧力増加などの理由によって、燃焼速度が急激に増加しついには爆発的に燃焼する。このような燃焼を非定常燃焼（"爆発燃焼"）といい、室内におけるプロパンガス爆発の災害はこの例であり、ガソリンエンジンやディーゼルエンジンといった内燃機関はこの非定常燃焼を利用したものである。

② 発炎燃焼と不発炎燃焼

燃焼に際して炎を発生するか否かによって発炎燃焼と不発炎燃焼に区分することもある。前者は炎を出す燃焼をさし、炎は可燃性気体の燃焼である。"発炎燃焼"（"炎燃焼"）は発生する可燃性蒸気が燃焼するわけであるが、この可燃性蒸気が生成する過程により、さらに"蒸発燃焼"と"分解燃焼"とに分けることができる。

例えば石油など液体燃料は液体そのものが燃焼するのではなく、液面から蒸発する可燃性蒸気が空気と混合し、何らかの熱源により燃焼するのであって、このような燃焼の仕方を

蒸発燃焼という。液体燃料のように揮発性の大きい燃料では蒸発燃焼が起こるが、固体燃料のように揮発しにくいものは可燃物が加熱されて熱分解し、その際に発生する可燃性ガス（例えば木材は熱分解によって炭酸ガス、一酸化炭素、メタン、水素、アセチレンなどのガスを発生するが、このうち不燃性のガスは炭酸ガスだけである）が燃焼する場合を分解燃焼という。

例えばセルロイドのように可燃物であり、かつ酸素含有物質はもちろん分解燃焼をするが、このように自己の中に支燃物である酸素をも持っているものの燃焼をとくに"内部燃焼"（"自己燃焼"）と呼んでいる。

"不発炎燃焼"は炎を発生することなく燃焼する場合をさし、木炭や無煙炭あるいはコークスなどの燃焼がこれに該当する。不発炎燃焼は一般に可燃性固体がその表面で熱分解も起こさず蒸発もしないで、高温を保ちながら空気中の酸素と反応して炎を発生することなく、いわゆる"おき"の状態で燃焼するので"表面燃焼"（"おき燃焼"）ともいわれる。

ただし例えば木炭が盛んに燃えているとき、多少の青い炎を発生することがあるが、これは木炭の燃焼によって生ずる炭酸ガスが赤熱した木炭に触れてその一部が可燃性の一酸化炭素を生じこれが燃焼するためであり、また木炭が不完全によっても一酸化炭素が発生しこれが燃焼して多少の青い炎を生ずるが、このような場合でも不発炎燃焼いわゆる表面燃焼というのでこの点は誤解のないようにされたい。

⑻　気体燃料の燃焼のプロセスは？

　われわれの身近にある気体燃料は都市ガス（そのほとんどは天然ガス、いわゆる LNG である）または液化石油ガスいわゆるプロパンガスであるが、これらのガスは非常に燃えやすいものであるが、どんな場合でも燃えるのかといえばそうではなく、一定の条件が揃わなければならない。もちろんガスという可燃物、そして着火温度以上の温度、空気（酸素）のいわゆる燃焼の3要素が揃ったというだけではだめなのである。

　なぜならば気体燃料つまりガスが燃焼するときは、その可燃ガスと空気とが一定の範囲の割合で混合したときに初めて起こり、この可燃ガスと空気とが混合した状態のものを"混合ガス"（混合気）といい、この混合ガスがその混合範囲外であれば起こらない。もちろんマッチやライタなどの火炎を近づけて点火しようとしてもである。

　そしてこの空気と可燃ガスいわゆる混合ガスの混合範囲は一定の気圧そして温度、すなわち一定条件では可燃ガスの種類によってその値は定まっている。

　例えば水素は容積で空気と4.1～75％の割合で混合すると、火を近づけると燃えたりあるいは爆発するが、もし水素が4.1％未満であったり反対に75％を超えるような場合には火気を近づけても燃えないしまた爆発しない。すなわち可燃ガスの濃度が濃過ぎてもまた反対に薄過ぎてもその燃焼は起こり得ない。このように可燃性気体と空気とのある混合割合内において、ちょうど燃焼するという範囲があるが、この範囲

空気と混合した可燃気体または可燃蒸気の燃焼範囲

可燃気体	燃焼範囲(%) 下限〜上限	可燃蒸気	燃焼範囲(%) 下限〜上限
水　　　　素	4.1〜75	メチルアルコール	7〜37
一 酸 化 炭 素	12.5〜75	エチルアルコール	3.5〜20
メ　タ　ン	5.0〜15	エ ー テ ル	1.7〜48
エ　タ　ン	3.0〜14	ア セ ト ン	2〜13
プ ロ パ ン	2.1〜9.5	イ ソ ペ ン タ ン	1.3〜
エ チ レ ン	3.0〜33.3	正 オ ク タ ン	1.0〜
プ ロ ピ レ ン	2.2〜9.7	ベ ン ゾ ー ル	1.4〜9.5
ブ チ レ ン	1.7〜9.0	ト ル オ ー ル	1.3〜7
ア セ チ レ ン	2.3〜82	シキロヘキサン	1.3〜8.5
ブ　タ　ン	1.5〜8.5	ガ ソ リ ン	1.4〜8

注：大気圧下における常温の場合で、容量％で示す

のことを"燃焼範囲"（"爆発範囲"）あるいは"燃焼限界"という。そしてこの範囲には上限と下限とがあって、可燃気体の濃度の濃い方を上限値、薄い方を下限値といい、容積％で示される。

　ではなぜ表に示したような空気と混合した可燃ガスの燃焼範囲でないと、火炎を近づけるいわゆる燃焼の3条件が揃っていても燃えないのであろうか。これらの理論的な根拠や説明は少しむつかしくなるので省略するが、気体燃料や液体燃料の場合にはこの燃焼範囲内にあるときしか燃焼しないことはよく理解しておく必要がある。

以上のように気体燃料の燃焼はその組成により一定の燃焼範囲があって、その範囲内で初めて燃焼が継続し、しかも空気との混合割合で燃焼する速度が変わる。

　そして一般に一定した状態で炎となって燃焼する場合は、バーナまたはそれに類するものから一定の速度でガスが噴き出されて、その速度とガスの燃焼速度とが互いに釣り合ったときに一定の形状の炎をつくって燃える。このような燃焼が発炎燃焼の代表的な場合なのである。

　例えば家庭におけるガスコンロでガスを燃やしている場合でもわかるように、その炎の形は基部が太く先端に進むにつれて次第に細くなっている。この理由はコンロの火口からガスが噴き出されていることと、外側から空気中の酸素が炎の表面よりその中心に拡散し浸透して次第に燃えていくために、炎の中心になるほど空気に触れ難くなるから燃焼反応が遅れて一番長く延びることによるのである。とくにガスコンロの空気穴を塞ぎ1次空気をまったく加えないでガスを燃焼させる場合は炎の範囲の空気の拡散によってのみ燃焼するという拡散燃焼となる。

　気体燃料の燃焼は主としてこの拡散燃焼によって発炎燃焼するのである。

(9) 液体燃料の燃焼のプロセスを知っておこう

　液体燃料たとえばガソリンやアルコールの静置した液面に点火すると炎を出して燃えるいわゆる発炎燃焼するが、これはアルコールやガソリン自身つまり液体が燃えているのでは

なく、これはアルコールやガソリンの表面にあるアルコールやガソリンの蒸気が燃えているのである。

　元来、液体でも固体でもそれぞれ一定の蒸気圧を有し、それらの面はその飽和蒸気と空気との混合物の気相で覆われているのである。そしてこの蒸気相は次第に外側へ拡散することによって流れ、その蒸気の濃度は次第に減少する。したがってその液体なり固体なり燃料の表面に近いほどその濃度は大なのである。

　その気相のある部分で蒸気と空気との割合が燃焼範囲にあるとき、そこに熱源つまり点火エネルギを近づけると引火して爆発的燃焼が起こり、その熱で飽和蒸気相に着火する。この際、燃料の表面からの蒸発とその発生した可燃蒸気の燃焼速度とが互いに釣り合ったところで、一定の状態の燃焼をし炎ができるつまり発炎燃焼をする。

　もしこれらの燃料の温度が低下すると蒸気圧が下がり、液表面からの蒸発速度が減少するから燃焼範囲の濃度にある蒸気の相は表面に近づき、ついにはこの燃焼範囲の下限値未満の薄い濃度になって燃焼は中止されてしまう。

　液体燃料や固体燃料は程度の差はあってもその表面から蒸発つまりガス化するのである。そしてこの可燃ガスが拡散して空気と混合し、さきの表に示した燃焼範囲にある場合に熱源を近づけると燃焼が始まるわけで、燃料の種類などによってその燃焼範囲に達する蒸発が始まる温度が異なり、この燃焼範囲になるような蒸発が始まる最低の温度が既述の“引火点”なのである。

　そして温度が上昇するにしたがって蒸発していく速度が増し、燃焼範囲に相当する蒸気相は表面を離れていく。これに熱源を近づけると燃焼するわけで、この燃焼する熱のために下部の液体の温度が上昇し蒸発速度がますます増加する。

　つまり可燃ガスがどんどん蒸発してゆき空気と適当に混合して燃焼範囲の濃度となりこれが燃えるという具合に、燃料からの可燃蒸気の蒸発による燃焼が蒸発燃焼でありその結果として炎で燃える。すなわち発炎燃焼するのであり、液体燃料のほとんどはこの蒸発燃焼によるものである。

しかし重油などのように重炭化水素分を多く含む重質油の場合は、後述の分解燃焼のプロセスをも必要とするので、蒸発燃焼と分解燃焼によって発炎燃焼するのである。

　以上のように液体燃料は蒸発燃焼するのであるが、例えばアルコールやガソリンなどのような引火点の低いいわゆる引火性液体の場合はともかく、ボイラーの主液体燃料である重油や灯油などのように比較的引火点の高いものではその蒸発速度が遅く、燃焼速度やその量など工業的見地から実用的な燃焼状態が得られないのである。そこでバーナで液体燃料を強制的に大量霧化つまり強制気化させて、燃焼範囲の可燃蒸気と化していわゆる霧化燃焼させるのである。

(10)　固体燃料の燃焼プロセスは複雑だよね

　固体可燃物でも、いおう、ナフタリンなどのように揮発性の大なるものは蒸発燃焼が起こるが、主な固体燃料である石炭や木材のような蒸発の困難なものの燃焼には分解燃焼が行われる。

　分解燃焼は既述のごとく、燃料がまず熱分解を起こし、これによって生成した可燃性気体が燃焼して炎を生ずるのである。一般に熱分解が十分な速さで起こるには相当な高温を必要とするために蒸発燃焼より起こりにくい。この分解燃焼を進行させるには燃料を高温で熱分解を起こさせ、発生した可燃ガスを燃焼範囲の濃度までもってきて、さらにその可燃ガスの燃焼を継続させるに足るだけの速さで熱分解を続けさせ、可燃ガスを生成させてやらなければならない。したがって蒸

発燃焼よりも高い温度を必要とし、燃焼しにくいといえる。

　石炭や木材が燃えるときに最初に炎がでるのは、これらが熱分解して発生した可燃ガスが燃えるからである。

　つぎに固体燃料でも蒸気圧が非常に小さく熱分解を起こしにくいもの、例えば無煙炭、木材、石炭などが熱分解による発炎燃焼を終った後の"おき"あるいは熱分解を起こさせた後に燃料として用いる木炭やコークスなどの燃焼のような場合は、空気はこれらの炭素の表面だけしか触れることができず、その表面だけで燃焼反応が起こるいわゆる表面燃焼（おき燃焼）であり、もちろん炎は出さない不発炎燃焼である。

　このように固体燃料の場合は分解燃焼と表面燃焼とが併起する場合が多く、外見上も発炎燃焼と不発炎燃焼とが併起する場合がある。

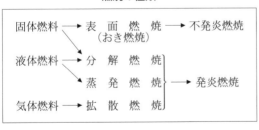

燃焼の種類

(11)　炎（火炎）って分かるわなぁー

　前述のごとく炎を発生しないいわゆる表面燃焼を行うコークス、無煙炭、木炭といった燃料はほとんど用いることはなく、燃料として固体、液体、気体の区別を問わず、すべてと

いっても過言でないほど炎を発して燃焼する発炎燃焼を起こす燃料を用いている。

発炎燃焼させるには気体燃料は最初から気体であるので問題はないが、固体あるいは液体燃料の区別、そして分解燃焼、蒸発燃焼、拡散燃焼（非混合燃焼）、混合燃焼といった燃焼のプロセスの如何を問わず、少しでも速く燃料を"気化"させてやらなければ合理的で安定した発炎燃焼ができない。

そこで気体燃料の場合はガスバーナを用いて最も合理的に燃焼するように、つまり所定の速度で空気とガスの混合気すなわち燃焼範囲にあるガスを、燃焼速度と互いに釣り合うように噴出させて発炎燃焼させるのである。そして液体燃料である重油の場合には、重油バーナを用いて重油を強制的に噴霧つまり気体化させ、これに空気を混合させて最もよい状態の燃焼範囲になるように噴霧気化つまり混合ガス化して発炎燃焼させるのである。また大容量のボイラーなどでは石炭という固体燃料を用いる場合、これを微粉にして微粉炭バーナで燃焼させるのもいわば石炭を一種の気体化して発炎燃焼させるためなのである。

このようにボイラーなどの場合は原則として発炎燃焼する燃料を用いるのであるが、では一体その"炎ほのお"("火炎")の正体とは何であるのか、これらの点について少し勉強しておきたいと思う。

○炎の正体

炎というのは可燃気体が燃えるときに生ずるもので、すなわち可燃ガスや可燃蒸気が空気と反応して燃焼しつつ発光す

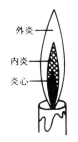

る部分をいうのであって、したがって可燃気体を生じない燃料が燃焼に際しては炎はできないのである。

　例えばローソクに火をつけてみると炎がでる。これはロウが熱のため溶けて木綿紐の芯に吸われ、これが熱せられて揮発しガス状となり燃えているからである。このガスは石炭の揮発分と同じように炭素の複雑な化合物である。

　このローソクの炎をよく観察すると外炎、内炎、炎心の3つからできていることがわかる。

①　外炎

　"外炎"は図示のごとく一番外側の部分であまり輝いていないが、空気の拡散つまり空気との接触がよいので、可燃ガスが完全に燃焼しており、したがって最も温度が高い部分である。

②　内炎

　"内炎"は外炎のすぐ内側の黄色状に明るく輝き最も炎らしい感じを受ける部分である。この部分は外炎にさえぎられて空気の拡散つまり供給が不十分なためガスが完全燃焼しておらず、したがって温度は外炎よりも低い。しかし外炎から

の熱によって熱分解して生成したガス（詳しくは細かい炭素粒）が熱せられて光をだしているのである。

例えばガスの炎の中に木炭の細かい粉を投げ込んでみると、炭粉は光輝いて飛び散り炎全体が黄色くなる。この例でもわかるようにローソクの炎の不完全燃焼の部分が黄色く光るのは、炭素粒子が空気不足のため燃え切れずその粒子が光って黄色い炎になっているからである。

③ 炎心

"炎心"は炎の一番内側の部分で、熱分解によって気体ができたばかりでまだ燃えてはいない。したがって温度も低く光もあまりでていない。

炎というものはざっとこのようなものであるが、石炭の輝発分が燃えてあるいは重油が燃焼して炎をだすときもローソクの炎と同様なことが行われるのである。

⑿ "炎"だって種類があるみたいだね

炎の分類の仕方もいろいろあるがつぎのように分けて説明する。

① 移動炎と定常炎

"移動炎"というのは可燃ガスと空気との混合物いわゆる燃焼範囲にある可燃ガス中で点火したときに伝播でんぱする炎で、燃料の着火時に発生する炎のことをいい、"定常炎"は例えばブンゼン灯の炎のようにガス流が外部からの空気拡散下に成立する炎で、一定の位置および大きさをもついわば燃料が安定燃焼している状態の炎のことをいう。

② 酸化炎と還元炎

炎を化学的性状から分けると、燃料を必要以上の過剰空気で燃焼すると炎中に多量の過剰酸素を含有している"酸化炎"を生じ、反対に空気不足のまま燃焼すると当然酸素不足により不完全燃焼となり、また燃焼を始めないあるいは未燃分としての一酸化炭素、水素、炭素などよりなる被熱物を還元する性質のある"還元炎"を生ずるのである。

したがって前述の例のローソクの炎では外炎が酸化炎であり、内炎が還元炎ということになる。

③ 輝炎と不輝炎

炎の色により、例えば重油や石炭を燃焼する場合の炎のように橙色がかって白く輝く"輝炎"と気体燃料が完全燃焼した場合の無色に近い青色で輝きのほとんどないいわゆるブルーフレームの"不輝炎"に分けられる。

輝炎は燃料成分中の炭素化合物が熱分解して遊離した炭素粒子が灼熱されて光輝のある炎となるわけで、もしこの遊離した炭素粒子が不完全燃焼の場合は黄色あるいは赤褐色の炎となり"すす"を発生することになる。さきのローソクの炎の例では内炎が輝炎といえる。輝炎は主に炭素化合物の燃焼による炎なので、火炎よりの放射熱量が多く、石炭や重油などの燃焼火炎は主に輝炎なのである。

不輝炎は主に燃料中の成分である一酸化炭素や水素が燃焼するに際しての無色に近い淡青色のあまり輝きのない炎であって、ローソクの炎の例では外炎が不輝炎に相当する。一般に気体燃料が燃焼する場合の炎は不輝炎であって、不輝炎の

場合は火炎からの放射熱量が極めて少なくなる。

例えば重油だきや石炭だきのボイラーなどでは放射伝熱面積が大きくとられ、接触伝熱面積が少なくなるように設計されているのは、重油や石炭の燃焼火炎が主に輝炎であるのでその放射熱を少しでも多く吸収するためなのであり、ガスだきのボイラーでは気体燃料の燃焼火炎が主に不輝炎なので、接触伝熱面積を大きくとり放射伝熱面積は小さく作られているのである。

⒀　炎の色と温度との関係のあらまし

炎の色状と炎の温度は概略相関関係にあり、例えば輝炎の場合における炎の色とその大体の温度との関係を示すとつぎのごとくになる。

火炎の色状	火炎の温度
濃　暗　赤　色	520℃
暗　　赤　　色	700℃
赤　　　　　色	850℃
輝　赤　色（橙色）	950℃
黄　赤　色（桜色）	1,100℃
白　赤　色（白色）	1,300℃
輝白色（まぶしい白色）	1,500℃

以上、炎の色合や状態などによって燃料の燃焼状態、例えば完全燃焼しているか否か、もし不完全燃焼の場合ではその程度がだいたい判定できるし、また色合によって燃焼温度の

程度も判定することもできる。

したがって通常一般に工業炉そのほか燃料の燃焼操作に従事する職務の人は、その燃焼状態の適否を科学的に判定する装置、例えば燃焼ガス分析計のない場合は、炉内の火炎の状態をみてその燃焼状態の適否を判断し適切な処置をとるのである。

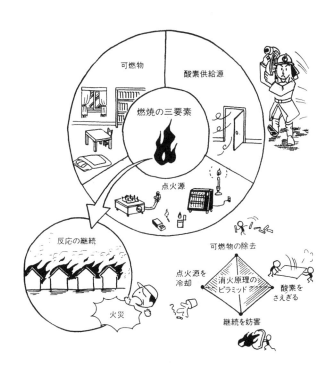

第2章　燃　焼　理　論

(1) 燃焼反応も化学反応の一つでっせ

 燃焼というものは可燃成分（可燃元素）と酸素が化合つまり化学反応を起こすわけで、この化学反応が起こるときには必ず熱の出入りを伴う。この熱が"反応熱"といわれるが、化学反応の場合でも燃焼の反応の場合の反応熱をとくに"燃焼熱"とよんでいる。そしてさらに、化学反応の結果として"化合物"をつくることになるが、これも燃焼反応の場合にできる化合物を"燃焼生成物"というのである。

 一般に燃料といわれているものは、炭素原子、水素原子および酸素原子がいろいろな形で結びあってできており、その種類は千差万別で多種多様であるが、燃料を構成している元素の種類は極めて少なく、しかもその中の可燃元素は主として"炭素"（C）、水素"（H）であり、まれに"いおう"（S）そして"りん"（P）などが少量あることもある。

 燃焼反応はこれらの可燃元素が空気中の酸素に結びついて、熱と光を発生しながら酸化することであるから、主に可燃元素である炭素と水素の燃焼反応の基本を勉強すれば、燃焼全般に関する理論的なことが理解しやすくなるわけで、そこで炭素と水素を主体にこれから燃焼反応に関することを学んでいきたい。

 なお炭素や水素が燃焼する場合にはいずれもその中間段階には複雑な過程を経て、最後には炭酸ガス（CO_2）および水蒸気（H_2O）という燃焼生成物を生じるが、その燃焼によって生ずる熱いわゆる燃焼熱を利用する場合は、複雑な中間の変化はほとんど考える必要はない。したがってわれわれの立

場としては燃焼の基礎的反応としてはつぎに説明するものを考えればよいのである。

(2) 炭素の燃焼反応とは

炭素が燃焼するということは、炭素と酸素とが化学反応つまり燃焼反応を起こすということであるが、これについて完全燃焼した場合と不完全燃焼した場合とに分けて説明する。

① 炭素が完全燃焼した場合の燃焼反応

この場合における燃焼反応を示すとつぎのごとく

$$C + O_2 = CO_2 + 97{,}000 \text{ kcal/kmol}$$
（炭素）（酸素）（炭酸ガス）
〔燃焼反応〕　〔燃焼生成物〕　〔燃焼熱〕

となる。

つまり、炭素と酸素が燃焼反応して$C+O_2$を起こした結果$=CO_2$という燃焼生成物ができ、そして 97,000 kcal/kmol の燃焼熱を生ずる。

この化学反応式をみる場合にとくに留意すべきことは、一般に工業上では固体または液体では 1 kg を単位重量とし、気体では 1 Nm^3 を単位容積とするのであるが、化学という学問上では 1 kmol を単位とする。

この "mol（モル）" というのは分子量に g をつけた量を 1 g 分子または 1 mol という。例えば水素は分子量が $H_2=2$ であるから 2 g が 1 mol、炭酸ガスは分子量が $CO_2=44$ であるから 44 g が 1 mol である。そして 1 mol の 1,000 倍つまり 1 kmol を単位とするわけで、この化学という学問上の単位と一般工

業における単位とは根本的に異なるので、この点とくに注意しなければならない。なおその理由の説明はわれわれは別に化学を専門に勉強するわけではないから省略する。

今示した炭素の燃焼反応式は 1 kmol の炭素が燃焼した場合の反応式というわけで、もちろん燃焼熱も 97,000 kcal/kmol と示しているごとく、炭素 1 kmol 当りの燃焼熱の数値である。

そしてもう一点留意しておかなければならないのは、化学反応が起こるときには必ず熱の出入りつまり反応熱を伴うが、反応熱は熱を発生する"発熱反応"だけとは限らず、逆に外部の熱を吸収してしまう"吸熱反応"とがあり、発熱反応の場合には例えば炭素の化学反応式

$$C + O_2 = CO_2 + 97{,}000 \text{ kcal/kmol}$$

のごとく、式の右辺の反応熱の前に＋の記号を、そして反対に吸熱反応の場合には右辺の反応熱の数字の前に－の記号をつけるのである。

もう一度念のために 1 kmol の炭素の燃焼反応式を示すと

$$C + O_2 = CO_2 + 97{,}000 \text{ kcal/kmol}$$
（炭素）（酸素）　（炭酸ガス）
〔燃焼反応〕　〔燃焼生成物〕　〔燃焼熱（発熱反応）〕

であり、この化学反応式の単位である kmol を重量割合に直すと、1 kmol の炭素は 12 kg となり、この燃焼反応に必要な酸素は 32 kg である。そしてこの両者の燃焼反応の結果 44 kg の炭酸ガスつまり燃焼生成物ができ、12 kg の炭素の燃焼熱は 97,000 kcal なのである。

だから炭素1kg当りの燃焼量は97,000/12＝約8,100 kcalであり、工業上の単位である1kgまたは1 Nm³当りの発熱反応の場合の燃焼熱を"発熱量"というのである。したがって発熱量は固体および液体燃料の場合はkcal/kg、気体燃料の場合はkcal/Nm³で表わすわけで、炭素の発熱量は8,100 kcal/kgなのである。

以上の事項を要約すると、炭素の燃焼反応は

燃焼反応式

　C　＋　O₂　＝　CO₂　＋　97,000 kcal/kmol
　　　　　　　〔燃焼生成物〕　〔燃焼熱〕

これを重量割合に直すと

　12 kg　＋　32 kg　＝　44 kg
　（C）　　（O₂）　　（CO₂）

したがって炭素1kgにつき

　1 kg　＋　2.66 kg　＝　3.66 kg　＋　8,100 kcal/kg
　（C）　　（O₂）　　（CO₂）　　　　（発熱量）

ということになる。

すなわち炭素1kgを完全燃焼させるには2.66 kgの酸素が必要で、その結果の発熱量が8,100 kcal/kgである。

そして炭素が酸素と反応つまり炭素が燃焼すればその結果として、炭酸ガスという燃焼生成物を生じ、かつ炭素1kg当り8,100 kcalの熱を発生する。すなわち炭素の発熱量は8,100 kcal/kgであるということは、とくに記憶しておく必要がある。

しかし以上説明した炭素の燃焼反応というのは"完全燃焼"

した場合のそれであって、もし酸素の供給不足でこれが"不完全燃焼"の場合ではどうであろうか。

② 炭素が不完全燃焼した場合の燃焼反応

炭素の不完全燃焼の場合の反応式を示すとつぎのごとくである。

$$C + \frac{1}{2}O_2 = CO + 29,000 \text{ kcal/kmol}$$

（炭素）（酸素）　（一酸化炭素）
〔燃焼反応〕　〔燃焼生成物〕　　　〔燃焼熱〕

この反応式で解るように、炭素が酸素供給不足により不完全燃焼すれば一酸化炭素（CO）という燃焼生成物を生じ、燃焼熱も著しく減少する。

重量割合に直すと

$$12 \text{ kg} + 16 \text{ kg} = 28 \text{ kg}$$
　(C)　　　$(\frac{1}{2}O_2)$　　(CO)

そこで炭素1 kg当りでは

$$1 \text{ kg} + 1.33 \text{ kg} = 2.33 \text{ kg} + 2,410 \text{ kcal/kg}$$
　(C)　　　(O_2)　　　(CO)　　　（発熱量）

となり、炭素が完全燃焼した場合の発熱量 8,100 kcal/kg に比べて、これが不完全燃焼の場合にはその発熱量は 2,410 kcal/kg と約1/3に減ってしまうのである。

つまり炭素が完全燃焼すれば炭酸ガスという不燃物質の燃焼生成物を生じ発熱量も大きいが、これが不完全燃焼の場合には一酸化炭素という可燃性（と同時に"一酸化炭素中毒"

で知られるように、人体にとって極めて有毒な物質）の燃焼生成物を生じ、発熱量は 1/3 にも減少してしまうのである。

　これで燃料というものはなぜ完全燃焼させなければならないかということがよく理解できるであろう。高価な燃料を不完全燃焼させていては、煙突から可燃成分を大気中に捨てると同時に発熱量の著しい低下と、経済的にも大気汚染公害上からも、いかにロスが大きく不合理であるかが認識できることと思う。

⑶　水素の燃焼反応とは

　水素が完全燃焼すると水になる。その燃焼反応式を示すと

$$H_2 + \frac{1}{2}O_2 = H_2O + 68,380 \text{ kcal/kmol}$$

　（水素）　（酸素）　　　（水）
　〔燃焼反応〕　　〔燃焼生成物〕　　　〔燃焼熱〕

となり、これを<u>重量割合</u>に直すと

$$2 \text{ kg} + 16 \text{ kg} = 18 \text{ kg}$$

　（H_2）　　（$\frac{1}{2}O_2$）　（H_2O）

となり、水素 1 kg につき

$$1 \text{ kg} + 8 \text{ kg} = 9 \text{ kg} + 34,000 \text{ kcal/kg}$$

　（H_2）　（O_2）　（H_2O）　　　（発熱量）

となり、水素の発熱量は約 34,000 kcal/kg と非常に大きい。

　しかし、水素が燃焼した場合よく考えなければならないことは、理論上では水素が燃焼した結果、水という燃焼生成物

ができるのであるが、実際に水素を燃焼した場合、水にはならず水蒸気のままつまり気体の状態で大気中に発散してしまうのである。これは水素に限らずすべての可燃成分が燃焼して生ずる燃焼生成物はみな気体なのである。

だが水素を完全燃焼させてその発熱量を熱量計で測定する場合には、燃焼生成物である水蒸気が熱量計器内で凝結して全部水に戻るわけで、水蒸気が復水するときに潜熱に相当する熱量が放出されるので、理論的にはこの潜熱も水素の発熱量にプラスするのである。これがいわゆる"高発熱量"であって、水素の発熱量 34,000 kcal/kg というのは、すなわち高発熱量をさしているのである。

しかし実際の場合には100℃以上の水蒸気のままで大気中に発散してしまって、水の潜熱に相当する熱量というものはまったく利用することができず無意味なものであり、その分を高発熱量から差し引かなければならない。つまり高発熱量－水の蒸発熱の値が"低発熱量"というのであり、水素の低発熱量は約 28,600 kcal/kg となる。

だから水素の燃焼反応式というものは燃焼生成物の区別によって、詳しくはつぎのごとく2通りにする必要がある。すなわち、

$$H_2 + \frac{1}{2}O_2 = H_2O_l + 68,380 \text{ kcal/kmol}$$

（水素）（酸素）　　　（水）
　　　　　　　　　〔燃焼生成物〕　　〔燃焼熱〕

（注）式中の H_2O_l の l は液体を、そして次式の H_2O_g の g は気体を示すものとする。

水素 1 kg 当りの発熱量は 34,000 kcal/kg であり、これが高発熱量である。

もう一つの場合は

$$H_2 + \frac{1}{2}O_2 = \underset{\substack{(水蒸気)\\〔燃焼生成物〕}}{H_2O_g} + \underset{〔燃焼熱〕}{57,760 \text{ kcal/kmol}}$$

水素 1 kg 当りの発熱量は 28,600 kcal/kg であって、これが低発熱量である。

このように水素の燃焼反応の場合には燃焼生成物を水蒸気という気体で扱うか、あるいは水に戻して液体とするかによって、発熱量が高発熱量と低発熱量とに分けられるということはよく認識しておく必要がある。しかし水素以外の可燃元素は燃焼反応した場合、その燃焼生成物は気体であって液体にはならないので高・低発熱量の区別はなくまったく同一である。

燃料はすべてといっても過言ではないほど、その成分中に水素が含まれているし、また水分を含んでいるから燃料の発熱量は"高発熱量"と"低発熱量"とに分けられているのである。

以上、燃料の主成分を占める主な可燃元素である炭素、水素の各燃焼反応を説明したが、これらが燃焼反応の結果できる燃焼生成物そして発熱量などを要約すれば表のごとくになる。

燃料の主な可燃元素は炭素、水素、いおうであるから、ボ

可燃元素（成分）の燃焼に関する表

可燃元素または成分		燃焼反応の方程式 分子量に基づく 重量(kg)	燃焼熱 (反応熱) (kcal/kmol)	可燃元素または成分1kgに対する							
				燃焼生成物			発熱量 (kcal/kg)		消費酸素量		
名称	化学記号			名称	化学記号	量	高発熱量	低発熱量	化学記号	量	
炭素	C	$C + O_2 = CO_2$ 12kg 32kg 44kg	+ 96,960	炭酸ガス	CO_2	3.667 kg 1.867 Nm³	8,080		O_2	2.667 kg 1.867 Nm³	
		不完全燃焼の場合 $C + \frac{1}{2}O_2 = CO$ 12kg 16kg 28kg	+ 28,890	一酸化炭素	CO	2.333 kg 1.867 Nm³	2,410			1.333 kg 0.933 Nm³	
一酸化炭素	CO	$CO + \frac{1}{2}O_2 = CO_2$ 28kg 16kg 44kg	+ 68,070	炭酸ガス	CO_2	1.57 kg 0.8 Nm³	2,430		O_2	0.57 kg 0.4 Nm³	
水素	H_2	$H_2 + \frac{1}{2}O_2 = H_2O_g$ 2kg 16kg 18kg	+ 57,760	水蒸気	H_2O_g	9 kg 11.2 Nm³	—	28,650	O_2	8 kg	
		$H_2 + \frac{1}{2}O_2 = H_2O_l$ 2kg 16kg 18kg	+ 68,380	水	H_2O_l	9 kg —	33,920	—		5.6 Nm³	
いおう	S	$S + O_2 = SO_2$ 32kg 32kg 64kg	+ 70,940	亜硫酸ガス	SO_2	2 kg 0.7 Nm³	2,220		O_2	1 kg 0.7 Nm³	

注：燃焼熱および発熱量の数値は本によっては多少異なっている場合もあるが、気にする必要もないのでこの点留意されたい。cal（カロリー）の単位は、計量法ではJ（ジュール）である。1cal＝4.18605J

イラーなどの燃焼室で実際に燃料を燃焼すれば、燃焼ガス（煙道ガスや排ガスの状態も含めて）の主体は可燃各元素の燃焼生成物である。したがって炭酸ガス、一酸化炭素、水蒸気、亜硫酸ガスなどの混合気体というわけである。

なお可燃元素の燃焼反応は一般に1000℃前後の温度で進行し、その反応速度（単位時間の反応量）は他の元素の化学反応に比して速い。

燃焼反応は1,000℃以上では瞬間的に行われるものであるが、実際の燃焼では酸素が燃料の面に到着する速さの方が著しく遅いので、燃焼の速さつまり燃焼速度（反応速度）はこの酸素の到着速度によって支配されるのである。

例えば七輪（カンテキ）の炭火を速くおこそうとウチワでバタバタと風を送るのは、こうすることにより木炭という燃料の面への酸素（空気）の到着速度が速くなり、したがって燃焼速度がアップされて炭火が速くおこる（燃焼する）からである。またボイラーの場合でも自然通風よりは、人工通風をすることによって燃焼が盛んになるのはこのためである。

(4) 理論空気量のお話

燃焼のプロセスには酸素（空気）が必要不可欠で、その空気量については理論空気量と過剰空気量に大別されるんですよ。

そして単位重量あるいは容積当りの空気中に含有する酸素量は定まっているため、燃料の燃焼に必要な空気量も計算できるのであり、本項では燃料の燃焼に必要な空気量の計算な

どについて説明する。

① 可燃元素の燃焼反応に必要な酸素量

まず炭素の燃焼反応式を示せば

$$C + O_2 = CO_2$$
炭素　酸素　　炭酸ガス

と、炭素 1 kmol と酸素 1 kmol が反応して 1 kmol の炭酸ガスという燃焼生成物ができるのであり、これを分子量に基づく重量つまり kg に直すと

$$C + O_2 = CO_2$$
12kg　32kg　　44kg

であり、さらに分子量に基づく体積つまり Nm³ に直すと

$$C + O_2 = CO_2$$
22.4 Nm³　22.4 Nm³　22.4 Nm³

である。

（注）　重量の場合には炭素 12 kg（1 kmol）と酸素 32 kg（1 kmol）が反応して炭酸ガス 44 kg（1 kmol）ができ、容積の場合には炭素 22.4 Nm³（1 kmol）と酸素 22.4 Nm³（1 kmol）が反応して 22.4 Nm³（1 kmol）の炭酸ガスができるわけで、重量と容積の場合の炭酸ガス量の数値がおかしいと思われるだろうが、これは「すべて気体は同温同圧においては、同容積中に同数の分子を含む」という、"アボガドロの法則"によりこうなるのである。しかしこの理由などについては、化学を専門に勉強するわけではないので省略する。

ゆえに炭素 1 kg 当りの必要酸素量は重量の場合では

$$\frac{32 \text{ kg }(O_2)}{12 \text{ kg }(C)} = 2.667$$

となり 1 kg につき 2.667 kg の酸素を必要とする。すなわち

2.667 kg/kg の酸素を必要とする。

そして炭素 1 kg 当りの必要酸素量は容積の場合では

$$\frac{22.4 \text{ Nm}^3 \text{ (O}_2\text{)}}{12 \text{ kg (C)}} = 1.867$$

となり、1.867 Nm³/kg の酸素を必要とすることになる。

つぎに水素の燃焼反応式を示すと

$$\text{H}_2 + \frac{1}{2}\text{O}_2 = \text{H}_2\text{O}$$
（水素）（酸素）　　（水蒸気）

と水素 1 kmol と酸素 $\frac{1}{2}$ kmol が反応し、1 kmol の水蒸気となる。

これを重量および容積に換算すれば

$$\text{H}_2 + \frac{1}{2}\text{O}_2 = \text{H}_2\text{O}$$

| 2 kg | 16 kg | 18 kg |
| 22.4 Nm³ | 11.2 Nm³ | 22.4 Nm³ |

であり、水素 1 kg 当りに必要な酸素量は重量では

$$\frac{16 \text{ kg} \left(\frac{1}{2}\text{O}_2\right)}{2 \text{ kg (H}_2\text{)}} = 8$$

となり、8 kg/kg の酸素が必要である。容積の場合では

$$\frac{11.2 \text{ Nm}^3 \left(\frac{1}{2}\text{O}_2\right)}{2 \text{ kg (H}_2\text{)}} = 5.6$$

となり、5.6 Nm³/kg の酸素を必要とするのである。

そして、いおうの燃焼反応式を示すと

$$S + O_2 = SO_2$$
（いおう）（酸素）　（亜硫酸ガス）

と、いおう 1 kmol と酸素 1 kmol が反応し、1 kmol の亜硫酸ガスができる。これを重量および容積に換算すると

$$S + O_2 = SO_2$$
32 kg　　32 kg　　　64 kg
22.4Nm³　22.4Nm³　22.4Nm³

であり、したがっていおう 1 kg 当りに必要な酸素の容積および重量は、

$$\frac{32 \text{ kg}(O_2)}{32 \text{ kg}(S)} = 1 \text{ kg/kg}$$

$$\frac{22.4 \text{ Nm}^3(O_2)}{32 \text{ kg}(S)} = 0.7 \text{ Nm}^3/\text{kg}$$

と、つまり重量の場合は 1 kg/kg、そして標準体積として 0.7 Nm³/kg の酸素を必要とするのである。

以上で、炭素、水素、いおうという燃料の主成分を占める可燃元素の燃焼反応（完全燃焼の場合）に必要な最小酸素量を説明したが、この場合、必要酸素量あるいはつぎに述べる必要空気量の場合も、可燃元素あるいは燃料 1 kg 当り、つまり単位重量に対し何 Nm³ の容積の酸素あるいは空気、または何 kg の重量の酸素あるいは空気を必要とするか、すなわち Nm³/kg または kg/kg で示すのである。

主な可燃元素 1 kg 当りの完全燃焼に必要な最少酸素量を要約すれば、

炭素の場合＝2.667 kg/kg または 1.867 Nm³/kg

水素の場合＝8 kg/kg または 5.6 Nm³/kg

いおうの場合＝1 kg/kg または 0.7 Nm³/kg

である（可燃元素（成分）の燃焼に関する表44頁参照）。

② 可燃元素の完全燃焼に必要な空気量

いま可燃元素の燃焼に必要な最少酸素量はわかったが、燃料の燃焼に際してはこの必要な酸素は空気中の酸素から得るのはすでに周知のごとくである。

したがって可燃元素の燃焼反応に必要な空気量を知るには、まず"空気"の組成を知る必要がある。空気の成分は窒素、酸素、アルゴン、炭酸ガス、水蒸気そのほかであるが、その主成分は窒素と酸素であって炭酸ガスやアルゴンなどは無視してもよいほど少ないものである。なお水蒸気の含有量は空気の湿度によって著しく異なるので、これは空気の正常成分とする必要はない。

したがって空気の主成分である窒素および酸素の単位空気量中における含有割合は、重量の場合で窒素が約75.5％、酸素が約23.2％となり、容積の割合では窒素が約78％、酸素は約21％となる。つまり空気中には重量で約23.2％、容積では約21％の酸素を含んでいる。そして大気圧下で0℃という標準状態における空気の比重量は 1.2936 kg/Nm³、つまり空気 1 Nm³ の重量は 1.2936 kg で、比容積は 0.773 Nm³/kg、つまり空気 1 kg の容積は 0.773 Nm³ なのである。

この空気の組成を理解すれば、可燃元素 1 kg 当りの完全燃焼に必要な最少空気量が計算できる。

空気の成分

	容積(%)	重量(%)	0℃の大気圧下における純粋な空気
窒　　　　素	78.06	75.50	
酸　　　　素	21.00	23.20	1.293 kg/Nm^3
アルゴンその他	0.94	1.30	0.773 Nm^3/kg

まず炭素1 kgの燃焼反応に必要な酸素量は重量では2.667 kg、容積の場合では1.867 Nm^{3}である。したがってこれに必要な空気量は、重量の場合では酸素含有割合は23.2%であるから

$$2.667 \text{ kg} \times \frac{1}{0.232} = 11.5 \text{ kg}$$

と11.5 kgの空気を必要とし、容積の場合では空気中の酸素含有割合は21%であるから

$$1.867 \text{ Nm}^3 \times \frac{1}{0.21} = 8.89 \text{ Nm}^3$$

と、8.89 Nm^{3}の空気を必要とする。

つまり炭素の燃焼反応に必要な空気量は11.5 kg/kgあるいは8.89 Nm^3/kgである。

つぎに水素の燃焼反応に必要な空気量を計算すると、まず水素に必要な酸素量は8 kg/kgまたは5.6 Nm^3/kgであるから、したがって必要空気量が重量の場合では

$$8 \text{ kg} \times \frac{1}{0.232} = 34.48 \text{ kg}$$

と、34.48 kgを必要とし、容積の場合では

$$5.6 \text{ Nm}^3 \times \frac{1}{0.21} = 26.67 \text{ Nm}^3$$

と、26.67 Nm³ を必要とするわけで、水素の燃焼反応に必要な空気量は 34.48 kg/kg あるいは 26.67 Nm³/kg である。

また、いおうの燃焼反応に必要な空気量を計算すると、いおうの必要酸素量は 1 kg/kg あるいは 0.7 Nm³/kg であるから、必要空気量が重量の場合では

$$1 \text{ kg} \times \frac{1}{0.232} = 4.31 \text{ kg/kg}$$

容積の場合では

$$0.7 \text{ Nm}^3 \times \frac{1}{0.21} = 3.33 \text{ Nm}^3/\text{kg}$$

となる。

以上説明した炭素、水素、いおうの3元素の燃焼反応に必要な最少酸素量および空気量を要約すると下表のごとくになる。

可燃元素の燃焼反応に必要な空気量および酸素量

元　素	必 要 空 気 量		必 要 酸 素 量	
	重　量 (kg/kg)	容　積 (Nm³/kg)	重　量 (kg/kg)	容　積 (Nm³/kg)
炭　素 C	11.49	8.89	2.667	1.867
水　素 H	34.5	26.7	8	5.6
いおう S	4.3	3.33	1	0.7

③ 理論空気量

いま燃料の主な可燃成分である3つの可燃元素の燃焼反応（完全燃焼の場合）に必要な、単位量当りの最少空気量が解ったわけである。

では単位量の燃料が完全燃焼させるには最少どれほどの空気を必要とするであろうか、石炭を完全燃焼させるには、そして重油を完全燃焼させるには最少どれほどの量の空気を必要とするのだろうか。

燃料を元素分析すれば炭素、水素、酸素、窒素、いおうなどの各元素から成り立っており、そしてそのうち可燃元素は炭素、水素、いおうであって、酸素や窒素などは不燃元素である。このように燃料は可燃元素と不燃元素とから成り立っているから、炭素、水素、いおうという3つの主な可燃元素の完全燃焼（燃焼反応）に必要な最少の各空気量が解れば、計算によって単位重量当りの燃料の完全燃焼に必要な最少の空気量も解るのであり、このように1kgの燃料（可燃元素単独の場合も含めて）を完全燃焼するに必要な最少の空気量を"理論空気量"というのである。

(5) 理論空気量の計算は難しそうだね

既述のように、固体および液体燃料は原則として重量を単位とし、燃料1kg当りに必要とする空気量は何Nm^3（Nm^3/kg）または何kg（kg/kg）であるかと示す。そして気体燃料の場合は容積を単位とするので、燃料1Nm^3当りに必要とする空気量は何Nm^3（Nm^3/Nm^3）として求めるのである。し

たがって理論空気量を求める場合も、固体燃料や液体燃料のようにその単位量を重量で示すものと、気体燃料の場合のように容積で行うものとではその計算方法が異なるので分けて説明する。

① 固体および液体燃料の理論空気量（容積の場合）の求め方

燃料中の可燃元素の燃焼反応に必要な各空気量は容積の場合では、炭素（C）で8.89 Nm³/kg、水素（H）では 26.7 Nm³/kg、いおうでは 3.33 Nm³/kg であるから、いま燃料1 kgに含まれている炭素、水素、酸素、いおうの量をそれぞれ c kg、h kg、o kg、s kgとすると、理論空気量 L_0（Nm³/kg）はつぎの式で表わされる（求められる）。すなわち

$$L_0 (\text{Nm}^3/\text{kg}) = 8.89\,c + 26.7\left(h - \frac{o}{8}\right) + 3.33\,s$$

なおこの式中の $\left(h - \dfrac{o}{8}\right)$ は、"有効水素"（"自由水素"または"遊離水素"ともいう）といわれるもので、燃料中に含有する酸素というものは全部水素と結合しているものと考えるのである。言い換えれば燃料中の水素は炭素および酸素と化合して存在し、すでに酸素と化合している水素は燃料の発熱量に関係がない。水素と酸素の燃焼反応式 $H_2 + \dfrac{1}{2}O_2 = H_2O$ において、その重量割合は水素 2 kgに対し酸素 16 kg、すなわち水素 1 に対し酸素 8 であるから、式中 o kgの酸素に対しては $\dfrac{o}{8}$ kgの水素がすでに化合している。したがって、外部（空気）より供給される酸素と自由に酸素反応、つまり燃焼

できる水素の量は $\left(h-\dfrac{o}{8}\right)$ というわけで、これを有効水素というのである。

とにかく、理論空気量 L_0 (Nm³/kg) は

$$L_0 = 8.89\,c + 26.7\left(h-\dfrac{o}{8}\right) + 3.33\,s$$

と、この式によって計算できる。

例えば元素分析の結果、1 kg 中に含有する炭素 (c) が 0.3 kg、水素 (h) が 0.025 kg、酸素 (o) が 0.1 kg、窒素が 0.005 kg、いおう (s) が 0.01 kg、灰分が 0.5 kg、水分が 0.06 kg である石炭の理論空気量 L_0 (Nm³/kg) を求めると、上式にこれらの必要数値をはめ込んでいけばよいわけで、すなわち

$$L_0 = 8.89 \times 0.3 + 26.7 \times \left(0.025 - \dfrac{0.1}{8}\right) + 3.33 \times 0.01$$

となり

$$= 2.667 + 0.334 + 0.033$$
$$= 3.034 \text{ Nm}^3/\text{kg}$$

となる。つまりこの石炭の理論空気量は 3.034 Nm³/kg と計算できたわけである。

② 固体および液体燃料の理論空気量(重量の場合)の求め方

可燃元素の燃焼反応に必要な空気量は、重量の場合では、炭素で 11.49 kg/kg、水素では 34.5 kg/kg、いおうで 4.3 kg/kg であるから、燃料 1 kg 中に含まれる炭素、水素、酸素、いおうの量をそれぞれ c kg、h kg、o kg、s kg とすると、理論空気量 L_0 (kg/kg) は次式で表わされる(求められる)。すな

わち

$$L_0 \text{(kg/kg)} = 11.49\,c + 34.5\left(h - \frac{o}{8}\right) + 4.3\,s$$

この式により、例えばつぎの元素分析値による軽油の理論空気量（kg/kg）を求めるとしよう。

　$c = 0.85\,\text{kg}\quad h = 0.13\,\text{kg}\quad o = 0.01\,\text{kg}\quad s = 0.01\,\text{kg}$

上式にこれらの各数値をはめ込めば

$$L_0 = 11.49 \times 0.85 + 34.5\left(0.13 - \frac{0.01}{8}\right) + 4.3 \times 0.01$$

となり、

　　$= 9.7665 + 4.485 + 0.043$

　　$= 14.3\,\text{kg/kg}$

となる。つまりこの軽油の理論空気量は 14.3 kg/kg と計算できたわけである。

③ 気体燃料の理論空気量の求め方

いま固体および液体燃料における理論空気量の計算方法について説明したが、この両燃料は元素分析が可能なので上式で求められたわけである。

しかし気体燃料の場合には、可燃元素である炭素と水素とは化合して炭化水素として可燃成分が構成されている。すなわちメタン（CH_4）、エタン（C_2H_6）、エチレン（C_2H_4）、プロパン（C_3H_8）その他の重炭化水素（C_mH_n）や水素（H_2）、一酸化炭素（CO）などの可燃成分と、炭酸ガス（CO_2）、窒素（N_2）、酸素（O_2）、水蒸気（H_2O）といった不燃成分とで構成されている。

したがってこれらの可燃成分の含有割合によって理論空気量を求めるのであるが、その前にこれらの各可燃成分の燃焼反応を示し、それに必要な酸素量（空気量）をまず知る必要がある。

気体燃料の主成分はほとんどがいわゆる炭化水素であり、炭化水素の主なものの燃焼反応式を示すとつぎのごとくである。

メタンの場合

$$CH_4 \;+\; 2\,O_2 \;=\; CO_2 \;+\; 2\,H_2O$$
（メタン）　（酸素）　　（炭酸ガス）　（水蒸気または水）
($22.4\,Nm^3$)　($2 \times 22.4\,Nm^3$)　($22.4\,Nm^3$)　($2 \times 22.4\,Nm^3$)
($1\,kmol$)　　($2\,kmol$)　　　($1\,kmol$)　　　($2\,kmol$)
〔燃焼反応〕　　　　　　　　〔燃焼生成物〕
　　　　　　　　　　　　$+191,300\,kcal/kmol$（水蒸気の場合）
　　　　　　　　　　　　$+212,800\,kcal/kmol$（水の場合）
　　　　　　　　　　　　〔燃焼熱〕

エチレンの場合

$$C_2H_4 \;+\; 3\,O_2 \;=\; 2\,CO_2 \;+\; 2\,H_2O$$
（エチレン）　（酸素）　　（炭酸ガス）　（水蒸気または水）
($22.4\,Nm^3$)　($3 \times 22.4\,Nm^3$)　($2 \times 22.4\,Nm^3$)　($2 \times 22.4\,Nm^3$)
($1\,kmol$)　　($3\,kmol$)　　　($2\,kmol$)　　　($2\,kmol$)
〔燃焼反応〕　　　　　　　　〔燃焼生成物〕
　　　　　　　　　　　　$+318,500\,kcal/kmol$（水蒸気の場合）
　　　　　　　　　　　　$+340,000\,kcal/kmol$（水の場合）
　　　　　　　　　　　　〔燃焼熱〕

となり、炭化水素の燃焼反応の結果、炭酸ガスと水蒸気という燃焼生成物を生じる。

可燃ガス各成分の燃焼反応より、これに必要な酸素量や空気量を求めるプロセスについては省略するが、これらの数値を表にしてまとめると次表のごとくになる。

したがって気体燃料の理論空気量（Nm³/Nm³）を計算するには、いま1 Nm³の気体燃料中の水素（h_2）、一酸化炭素（co）、メタン（ch_4）、エチレン（c_2h_4）、アセチレン（c_2h_2）、ベンゾール（c_6h_6）、酸素（o_2）、窒素（n_2）、炭酸ガス（co_2）の容積を各 Nm³ とすれば、各化燃成分の燃焼反応に必要な酸素量（Nm³/Nm³）は

$h_2=0.5$　$co=0.5$　$ch_4=2$　$c_2h_4=3$　$c_2h_2=2.5$　$c_6h_6=7.5$

であるから（表参照）、これらの混合よりなる気体燃料の完全燃焼に必要な空気量つまり理論空気量 L_0（Nm³/Nm³）は

$$L_0 \text{(Nm}^3/\text{Nm}^3) = \left(\frac{1}{0.21}\right)(0.5\,h_2 + 0.5\,co + 2\,ch_4 + 3\,c_2h_4 + 2.5\,c_2h_2 + 7.5\,c_6h_6 - o_2)$$

の式により計算できることになる。

したがって例えば気体燃料を成分分析の結果

水素＝0.25　一酸化炭素＝0.08　メタン＝0.17

エチレン＝0.01　酸素＝0.03　炭酸ガス＝0.17　窒素＝0.29

の各 Nm³ を有する気体燃料の理論空気量を求めるには、上式にこれらの各数値をはめ込んでいけばよく、すなわち

$$L_0 = \left(\frac{1}{0.21}\right)(0.5 \times 0.25 + 0.5 \times 0.08 + 2 \times 0.17 + 3 \times 0.01 - 0.03)$$

となり計算すれば

可燃ガス成分の燃焼に関する表

可燃ガス成分		燃焼反応式と分子数	燃焼熱（反応熱）(kcal/kmol)		発熱量 (kcal/Nm³)		可燃ガス成分 1 Nm³ に対する			
名 称	化学記号		H_2O（水）	H_2O（水蒸気）	高発熱量	低発熱量	必要な酸素量 (Nm³)	必要な空気量 (Nm³)	燃焼生成物質 (Nm³) CO_2	H_2O
水　素	H_2	$\underset{2}{2H_2} + \underset{1}{O_2} = \underset{2}{2H_2O}$	+ 68,350	57,590	3,050	2,570	0.5	2.38	—	1
一酸化炭素	CO	$\underset{2}{2CO} + \underset{1}{O_2} = \underset{2}{2CO_2}$	+ 67,700	67,700	3,020	3,020	0.5	2.38	1	—
メ タ ン	CH_4	$\underset{1}{CH_4} + \underset{2}{2O_2} = \underset{1}{CO_2} + \underset{2}{2H_2O}$	+ 212,800	191,290	9,520	8,550	2.0	9.52	1	2
エ タ ン	C_2H_6	$\underset{2}{2C_2H_6} + \underset{7}{7O_2} = \underset{4}{4CO_2} + \underset{6}{6H_2O}$	+ 372,800	340,530	16,820	15,370	3.5	16.67	2	3
エチレン	C_2H_4	$\underset{1}{C_2H_4} + \underset{3}{3O_2} = \underset{2}{2CO_2} + \underset{2}{2H_2O}$	+ 340,000	318,500	15,290	14,320	3.0	14.28	2	2
アセチレン	C_2H_2	$\underset{2}{2C_2H_2} + \underset{5}{5O_2} = \underset{4}{4CO_2} + \underset{2}{2H_2O}$	+ 313,000	302,240	14,090	13,600	2.5	11.90	2	1
プロパン	C_3H_8	$\underset{1}{C_3H_8} + \underset{5}{5O_2} = \underset{3}{3CO_2} + \underset{4}{4H_2O}$	+ 530,600	487,580	24,320	22,350	5.0	23.81	3	4
プロピレン	C_3H_6	$\underset{2}{2C_3H_6} + \underset{9}{9O_2} = \underset{6}{6CO_2} + \underset{6}{6H_2O}$	+ 495,000	462,730	22,540	21,070	4.5	21.42	3	3
ブ タ ン	C_4H_{10}	$\underset{2}{2C_4H_{10}} + \underset{13}{13O_2} = \underset{8}{8CO_2} + \underset{10}{10H_2O}$	+ 687,900	634,120	32,010	29,510	6.5	30.95	4	5
ブチレン	C_4H_8	$\underset{1}{C_4H_8} + \underset{6}{6O_2} = \underset{4}{4CO_2} + \underset{4}{4H_2O}$	+ 652,000	608,980	29,110	27,190	6.0	28.57	4	4
ベンゾール蒸気	C_6H_6	$\underset{2}{2C_6H_6} + \underset{15}{15O_2} = \underset{12}{12CO_2} + \underset{6}{6H_2O}$	+ 783,000	750,700	34,960	33,520	7.5	35.70	6	3
重炭化水素	C_mH_n	$C_mH_n + \left(m + \dfrac{n}{4}\right)O_2 = mCO_2 + \dfrac{n}{4}H_2O$	+							

$$L_0 = \left(\frac{1}{0.21}\right)(0.125 + 0.04 + 0.34 + 0.03 - 0.03)$$
$$= 2.4 \text{ Nm}^3/\text{Nm}^3$$

と、この例の場合の気体燃料の理論空気量は $2.4 \text{ Nm}^3/\text{Nm}^3$ となる。

④ 各種燃料の理論空気量の概略値

以上で固体、液体、気体の各燃料の完全燃焼に必要な空気量つまり理論空気量の求め方を説明したわけであり、各燃料の正確な理論空気量は当該各燃料の元素分析（固体および液体燃料の場合）、成分分析（気体燃料の場合）に基づく組成によって計算しなければならないのであるが、ボイラーで用いられる各燃料における理論空気量を参考までに表としてま

各種燃料の理論空気量の概略値

燃　料　名	理 論 空 気 論
褐　　　　炭	$3.5\sim6.5 \text{ Nm}^3/\text{kg}$
れ　き　青　炭	$7.5\sim8.5 \text{ Nm}^3/\text{kg}$
無　煙　炭	$9\sim10 \text{ Nm}^3/\text{kg}$
コ　ー　ク　ス	$8.5\sim8.8 \text{ Nm}^3/\text{kg}$
重　　　　油	$10\sim11 \text{ Nm}^3/\text{kg}$
軽　　　　油	$11.2 \text{ Nm}^3/\text{kg}$
乾　留　ガ　ス	$4.0\sim4.8 \text{ Nm}^3/\text{Nm}^3$
発　生　炉　ガ　ス	$2.1\sim2.2 \text{ Nm}^3/\text{Nm}^3$
高　炉　ガ　ス	$0.6\sim0.8 \text{ Nm}^3/\text{Nm}^3$
都市ガス（6 C）	$4.0 \text{ Nm}^3/\text{Nm}^3$
都市ガス（13A）(LNG)	$11.0 \text{ Nm}^3/\text{Nm}^3$
液化石油ガス（LPG）	$21.5\sim31 \text{ Nm}^3/\text{Nm}^3$

とめおく。

なお一般に理論空気量を示す場合は原則として、固体あるいは液体燃料のときには単位量 1 kg 当り何 Nm^3 の空気を要するか、つまり Nm^3/kg で表わし、気体燃料の場合には単位量 1 Nm^3 当り何 Nm^3 の空気を必要とするか、すなわち Nm^3/Nm^3 で表わす。この点はよく理解しておく必要がある。

ところで前述のごとく、当該各燃料の理論空気量を求めるには複雑な計算をしなければならないが、ロジン氏とフェーリング氏の実験式により簡単に燃料の理論空気量の近似値 (L_0) を求められるので、この計算式も参考までに示しておく。

固体燃料の場合

$$L_0 (Nm^3/kg) = 1.01 \times \left(\frac{燃料の低発熱量}{1,000}\right) + 0.5$$

重油の場合

$$L_0 (Nm^3/kg) = 0.85 \times \left(\frac{重量の低発熱量}{1,000}\right) + 2$$

低カロリの気体燃料（発生炉ガスや水性ガスなどで 500〜3,000 $kcal/Nm^3$）の場合

$$L_0 (Nm^3/Nm^3) = 0.875 \times \left(\frac{ガスの低発熱量}{1,000}\right)$$

高カロリの気体燃料（天然ガスなどで 4,000 $kcal/Nm^3$ 以上のガス）の場合

$$L_0 (Nm^3/Nm^3) = 1.09 \times \left(\frac{ガスの低発熱量}{1,000}\right) - 0.25$$

であり、例えば低発熱量 10,000 kcal/kg の重油の場合における理論空気量の近似値は上式により

$$L_0 = 0.85 \frac{10,000}{1,000} + 2 = 10.5 \, \mathrm{Nm^3/kg}$$

と、10.5 Nm³/kg ということになる。

いずれにしても燃料の理論空気量は計算により求められるが、一般的にいって「燃料の理論空気量は、低発熱量 1,000 kcal 当りに約 1 Nm³ である」と理解しておいてよい。

例えば、低発熱量 5,000 kcal/kg の石炭の理論空気量は約 5 Nm³/kg 程度、低発熱量 4,050 kcal/Nm³ の都市ガスのそれは約 4 Nm³/Nm³ 程度となる。

(6) 燃料に必要な過剰空気量とは？

① 過剰空気

前述のごとく単位量当りの燃料を完全燃焼させるに必要な計算上の最少空気量を理論空気量といい、この理論空気量は燃料の化学成分が判れば正確に計算できる。理屈の上では燃料は理論空気量を供給すれば完全燃焼するはずであるが、燃料は理論空気量だけでは実際の燃焼に際して完全燃焼することは不可能である。つまり理論空気量だけでは実際の場合燃料が不完全燃焼してしまうのである。

その理由は燃焼中の可燃成分と空気中の酸素とか理想的に混合、接触し、化合しないからであって、空気中のすべての酸素分子が燃料中の可燃分子に反応することが不可能だからである。これをもう少し学問的に表現するならば、空気中の

酸素と燃料中の可燃成分とが十分な拡散によって接触できないからである。

このために実際にはいかなる燃料でも、これを燃焼炉などで完全燃焼あるいは経済的に許容し得るほど十分に燃焼させるためには、各燃料およびその燃焼方式などに応じて相当の余分な空気を供給してやらなければならない。この理論空気量より余分（過剰）な空気を、"過剰空気"という。

そして、燃料を完全燃焼させようと実際に供給した空気量を"実際空気量"（"実際供給空気量"とか"実際燃焼空気量"ともいう）といい、これらの関係を示すと

　実際空気量 ＝ 理論空気量 ＋ 過剰空気量
　過剰空気量 ＝ 実際空気量 － 理論空気量

ということになる。

燃料を完全燃焼させるには理論空気量のほかに過剰空気の供給が必要不可欠であるが、その必要な過剰空気量は燃料の種類や燃焼状態、炉の種類などによって相当異なり一概に定められないが、一般に気体燃料の場合は空気との混合接触が良好であるから非常に少なくてすみ、団体燃料の燃焼における過剰空気は多く必要とする。

その理由は固体燃料では空気と接触できるのはその表面だけで、可燃成分と空気中の酸素とが接触し難いからである。

したがって燃料別には一般に気体燃料、液体燃料、固体燃料という類になるほど多くの過剰空気量を必要とする。また例えば石炭という同じ固体燃料であっても、燃焼装置や燃焼方法の種類により供給される空気中の酸素との接触の難易が

あるから、過剰空気量も変わってくるわけで、手だきの場合は最も多くの過剰空気を必要とするが、機械だき（ストーカ燃焼）、微粉炭燃焼という順序に少なくなる。

　過剰空気というものは単に燃料の完全燃焼の見地のみから考えれば、理論的にはある程度多いほどよいということになるが、経済的見地からは完全燃焼を行うには過剰空気は多過ぎれば熱効率が低下しロスが多く、少な過ぎれば不完全燃焼する。

　したがって過剰空気は燃料の種類やその燃焼方法などに適した最少限度に止めるべきである。もちろん一般の燃焼装置は過剰空気をできるだけ少なくして完全燃焼することを目的としている。

　ではどの程度の過剰空気を供給すればよいかというと、これは理論的に計算することはできず経験によって知るほかに方法はないが、この適量の過剰空気を定めるということは燃焼技術上の重要な問題である。したがって各種の燃料や燃焼方法に最適の過剰空気量というものは、すでに燃焼工学関係の学者、技術者などの実験や実際経験などから定められているのである。

②　空気過剰係数（空気比）

　いま単位量、つまり1 kgまたは1 Nm^{3}の燃料を燃焼するときに、実際に供給した空気量すなわち実際空気量をL、理論空気量をL_0とすれば、実際空気量は必ず理論空気量より多くしなければ完全燃焼しないからLがL_0のm倍であるとすれば

$L = mL_0$　　　ただし $m > 1$

となる、この m のことを"空気過剰係数"("空気比")といい、この空気過剰係数 m の値は必ず1より大、つまり $m > 1$ となるべきものである。

そして、$L - L_0 = (m - 1)L_0$ を"過剰空気"、$(m - 1)$ を"過剰空気率"というのである。これを式にして示すと

　　実際空気量 ＝ 空気過剰係数 × 理論空気量
　　　(L)　　　　　(m)　　　　　(L_0)

となり、空気過剰係数の値は必ず1より大きい。そして過剰空気というものは

　　過剰空気量 ＝ 実際空気量 － 理論空気量
　　　　　　　　　(L)　　　　(L_0)

　　過剰空気量 ＝（空気過剰係数 － 1）× 理論空気量
　　　　　　　　　　　(m)　　　　　　　(L_0)

の両式で算出されるが、

　　（空気過剰係数 － 1）
　　　　　(m)

の値が過剰空気率であるから、過剰空気はつぎのごとく

　　過剰空気量 ＝ 過剰空気率 × 理論空気量

でも算出できる。そして空気過剰係数は

$$\text{空気過剰係数}(m) = \frac{\text{実際空気量}(L)}{\text{理論空気量}(L_0)}$$

で算出できるわけである。

　つまり空気過剰係数というのは実際空気量と理論空気量の比、すなわち理論空気量に対する実際空気量の倍率である。

したがって空気過剰係数（m）と理論空気量（L_0）を知っておけば、当初に述べた

　　$L = mL_0$　　　つまり $L = m \times L_0$

によって、実際空気量をどれほどにすればよいかがすぐに解るわけである。

　空気過剰係数というものは、過剰空気量を示す大きなポイントとなるもので、理論空気量の場合のように「この燃料の理論空気量は何 Nm³/kg」などとは示さず、必要な過剰空気量は必ず過剰空気係数で示すのである。

　各種の燃料やその燃焼方法に最も適した過剰空気量は、すでに研究の結果その概略値が定まっているが、これはすべて空気過剰係数で示されるのであって、ボイラー用の主な燃料の空気過剰係数の概略値を示すと下表のごとくである。

実験的燃焼における空気過剰係数（m）の概略値

燃料の種類		燃　焼　方　法		
		手だき	機械だき	バーナだき
固体燃料	無　煙　炭	1.5	1.3〜1.4	
	有　煙　炭	1.5〜2.0	1.3〜1.7	
	微　粉　炭			1.2〜1.4
液　体　燃　料				1.1〜1.3
気　体　燃　料				1.05〜1.2

なお各燃料の理論空気量の概略値はさきの表に示したが、これらの数値から実際の燃焼の場合の完全燃焼に必要な最適の実際空気量、過剰空気量などが計算できる。例えば重油燃焼の場合であれば理論空気量は 10〜11 Nm³/kg、そして空気過剰係数は1.1〜1.3であるが、11および1.3の数値とすれば

　　実際空気量 = 1.3 × 11 = 14.3 Nm³/kg

と 14.3 Nm³/kgの空気を供給すれば理想的な完全燃焼ができ、過剰空気量は14.3−11＝3.3 Nm³/kg、過剰空気率は 1.3−1＝0.3で、理想空気量の30％が過剰空気量となる。

なおここで少し付言しておきたいのは、理論空気量より30％以上の過剰空気は有害であるといわれる場合もあるが、表に示す空気過剰係数の値でわかるように、燃料の性状や燃焼方法などによっては100％ぐらいの過剰空気を必要とする場合もあるので、燃焼工学上、何％以上の過剰空気は絶対に有害であるとは一概にいえないのでこの点はよく理解しておく必要がある。

もう一点は書物によっては"空気過剰係数（空気比）"と"過剰空気率"とは同じことを意味するとか、あるいはこの両者を混同して説明している場合もあるが、これは明らかに間違っている。空気過剰係数は実際空気量の理論空気量の比、すなわち理論空気量に対する実際空気量の倍率を示すもので、すなわち

$$空気過剰係数 = \frac{実際空気量}{理論空気量}$$

であって、必ず1より大きな数値となる。過剰空気率とは過

剰空気量の理論空気量に対する割合をいうのであり、すなわち

$$過剰空気率 = \frac{実際空気量 - 理論空気量}{理論空気量}$$

で、必ず空気過剰係数の値より小さな数値となるのである。

この過剰空気率と空気過剰係数の意味を正しく理解し、この両者を混同したり同一視してはならない。

(7) 過剰空気量とその燃焼に及ぼす影響をよく理解しておこう

実際に燃料を完全燃焼するには理論空気量と適量の過剰空気を必要とする。もしその過剰空気量が少な過ぎれば不完全燃焼し、反対に多過ぎても不良燃焼を招く。そのほかいろいろな弊害を伴うわけであるが、過剰空気は燃料の種類やその燃焼方法などに適した必要最小限にとどめるべきである。この過剰空気の適量とは具体的にどれほどであるかという問題はすでに述べた。

そこで次に実際の燃焼に当って理想的な完全燃焼が行え得たか否か、つまり適量の過剰空気を供給し得たかどうか、多過ぎではないか、あるいは過少ではないか、これをどうして判定するのか。この判定方法や、過剰空気の過多あるいは過少の場合には具体的にどのような弊害が表われるのか、などについて順を追って説明する。

○過剰空気量の適量を判定する基準

① 燃焼ガスの成分

過剰空気量というものは前述のごとくふつう空気過剰係数で示すが、この過剰空気量は燃焼ガスの分析の結果得られた炭酸ガス（CO_2）および酸素（O_2）より計算できる。ではなぜこれで計算できるのか？　まず燃焼ガスの成分について説明してみよう。

燃料が燃焼したとき生ずる高温のガスを"燃焼ガス"というが、この燃焼ガスの熱が利用されて（ボイラーの伝熱面を経てボイラー水に熱が吸収されて）煙突などより大気中に排出されるときは"排ガス""燃焼排ガス"）と称し、燃焼ガスがボイラーの伝熱面でその熱を吸収されている状態のときや、途中の煙道を流動する状態の燃焼ガスを"煙道ガス"と呼んで区分される（図参照）。

すなわち燃料の可燃成分と空気中の酸素と化学反応していわゆる燃焼するのであるから、燃焼ガスの成分というものは燃料可燃成分の燃焼生成物を占めているわけである。

燃料の主な可燃元素は炭素（C）、水素（H_2）、いおう（S）であり、炭素の燃焼生成物は完全燃焼の場合では炭酸ガス（CO_2）、不完全燃焼の場合は一酸化炭素（CO_2）、水素の燃焼生成物は水蒸気（H_2O）、いおうのそれは亜硫酸ガス（SO_2）である。したがって燃焼ガスの成分というものはCO_2、CO、H_2O、SO_2などと、可燃元素と反応し得なかった供給空気中の酸素（O_2）の残りや、可燃元素とは全く燃焼反応できない性質の空気の成分である窒素（N_2）などである。すなわち燃

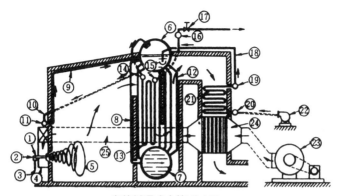

自然循環式水管ボイラー

①重油バーナ ②重油供給口 ③重油霧化用蒸気または空気供給口 ④燃焼用空気供給風箱 ⑤重油燃焼火炎 ⑥気水ドラム ⑦水ドラム ⑧および⑨水冷壁管(水管) ⑩降水管 ⑪水冷壁管寄せ ⑫水管 ⑬過熱器管 ⑭過熱器入口管寄せ ⑮過熱器出口管寄せ ⑯過熱蒸気出口管寄せ ⑰主蒸気止め弁 ⑱給水管 ⑲節炭器出口管寄せ ⑳節炭器入口管寄せ ㉑節炭器管 ㉒給水ポンプ ㉓押込通風機 ㉔空気予熱器 ㉕空気ダクト

〔説明〕

バーナ①よりの1,400℃の燃焼ガスは、その発生熱量の大半を⑧および⑨の多数の水冷管により構成される水冷壁の水冷管に放射熱として吸収させ、過熱器入口管寄せ⑭近くの水管群に入る頃には燃焼ガス温度は700℃程度に低下して、水管群および過熱器⑬と接触加熱してボイラー水および飽和蒸気に熱量を吸収させ、ボイラー出口つまり⑫の水管箇所をでたところでは燃焼ガス温度は350℃程度に低下する。350℃以下に低下したガスは煙道に入り煙道ガスとよばれるようになる。この煙道ガスは煙道内にある節炭器㉑と空気予熱器㉔と熱交換して給水および燃焼用空気を過熱して、空気予熱器を出たところで120〜130℃に低下する。空気予熱器を通過して温度低下した煙道ガスは、ふたたび排ガスとよばれ、残りの煙道および煙突を通過して大気中に放出される。

なおいまの説明のごとく、燃焼ガスはその流動域によって"燃焼ガス""煙道ガス"および"排ガス"と名称が変わるのでこの点留意する必要がある。

焼ガスはCO_2、CO、H_2O、SO_2、O_2、N_2などで構成されている。

> （注）　窒素は可燃成分と燃焼反応しないが、高温の燃焼反応過程で酸素と反応し、N_2の一部が一酸化窒素（NO）を生成する。このNOは排ガスとして大気中に放散されると、その一部はさらに空気中の酸素と結びついて二酸化窒素（NO_2）となる。NO_2は動植物にとって有害ガスであるとともに光化学スモックの一因となるわけで、このNOとNO_2を"窒素酸化物"（"NO_X"）という。NO_Xについては後述するが、いずれにしても燃焼ガス中にはNOや燃焼中の不燃成分なども含まれるが、燃焼理論の勉強に際して理解しやすくするために、燃焼ガスはCO_2、CO、H_2O、SO_2、O_2、N_2などで構成される、と説明しておくのでこの点了承されたい。

ここでとくに問題にしなければならないのは、燃料の主な可燃元素は炭素であるということであって、つまり燃料成分中の炭素の含有割合が最も大であり主流を占めているということである。

炭素は完全燃焼すれば炭酸ガス（CO_2）になるため、燃焼ガス中のCO_2量の大小によって、燃料が完全燃焼したか否かが判定されるのである。すなわち過剰空気がなく、理論空気量だけで完全に燃焼した場合には燃焼ガス中の炭酸ガス含有量は最大となる。これを逆にいえば、燃焼ガス中の炭酸ガス量を知り得れば過剰空気量を知ることができるというわけである。だから一般に過剰空気量の適否、つまり燃焼状態適否を煙道の出口など必要な場所に"炭酸ガス計"を取り付けて、燃焼ガス中の炭酸ガス含有割合を検出して判定するのである。

② 燃焼ガス中の炭酸ガス量
イ) 燃料の理論空気量と $(CO_2)_{max}$

燃料の主成分である炭素は完全燃焼により

$$C + O_2 = CO_2$$

炭素	酸素	炭酸ガス
1 kmol	1 kmol	1 kmol
22.4 Nm^3	22.4 Nm^3	22.4 Nm^3

炭酸ガスという燃焼生成物を生ずる。この燃焼反応式でわかるとおり、燃焼に用いられる酸素量と発生する炭酸ガス量は同容積である。したがって炭素の燃焼に用いられた空気中の酸素が全部炭素との燃焼反応に費やされたとすれば、空気中の酸素含有割合は容積で21％であるから炭酸ガスが21％できることになる。

すなわち炭素が理論空気量で完全燃焼したとすれば、炭酸ガス21％と窒素79％の燃焼ガスができることになる。したがって燃焼ガス中の炭酸ガス含有率の最高は21％という理論が成りたつのである。もちろん燃料の含有可燃元素は炭素だけではなく、水素、いおうその他を含んでおり、たとえ燃料が理論空気量だけで燃焼したとしても、その燃焼ガス中の炭酸ガス含有率は21％にはならないのは当然であり、21％になるというのは炭素が理論空気量のみで完全燃焼すると仮定した場合のことなのである。

しかし、燃料が理論空気量のみで完全燃焼するとすれば、その燃焼ガス中の炭酸ガス含有率が最大となるのは間違いなく、これをその燃料の"最大炭酸ガス率"といい、記号とし

ては"$(CO_2)_{max}$"（%）で表示される。

なお max とは最大の意味である maximum を略している。

この $(CO_2)_{max}$ の値は燃料の化学的成分によって定まるもので、理論空気量の場合と同じく燃料の組成が解れば計算できる。固体燃料や液体燃料のように元素分析できるものでは、燃料中の炭素を c kg、水素を h kg、酸素を o kg、いおう s kg、窒素を n kgとすれば、その燃料の $(CO_2)_{max}$（%）の値つまり最大炭酸ガス率は次式で求められる。

$$(CO_2)_{max} = \frac{21}{1 + 2.37\dfrac{\left(h - \dfrac{o}{8}\right) + 0.038n}{c + 0.375s}}$$

しかし一般に燃料中の窒素といおうの両元素の含有割合は微々たるもので、この計算の場合はこの両元素を無視してもよく、したがって実際上 $(CO_2)_{max}$ を求めるには

$$(CO_2)_{max} = \frac{21}{1 + 2.37\dfrac{\left(h - \dfrac{o}{8}\right)}{c}}$$

の式で算出する。

この計算式の説明は省略するが、このように $(CO_2)_{max}$ は理論空気量の場合と同じく、燃料の組成によって定まるからこの両者は燃料特有の値である。なお $(CO_2)_{max}$ はこの他に燃焼ガスの分析結果からも計算できるがこれは後述する。各種の燃料の $(CO_2)_{max}$ と理論空気量の概略値を示すと表のごとく

各種燃料の理論空気量 (L_0) および (CO_2)$_{max}$ の概略値

燃 料 名	L_0	(CO_2)$_{max}$ (%)
褐　　　　炭	3.5〜6.5 Nm³/kg	19〜19.5
れ　き　青　炭	7.5〜8.5 Nm³/kg	18.5〜19
無　煙　炭	9〜10 Nm³/kg	19〜20
コ　ー　ク　ス	8.5〜8.8 Nm³/kg	20〜20.5
炭　　　　素	8.89 Nm³/kg	21
重　　　　油	10〜11 Nm³/kg	15〜16
乾　留　ガ　ス	4.0〜4.8 Nm³/Nm³	11〜11.5
発　生　炉　ガ　ス	2.1〜2.2 Nm³/Nm³	18〜19
液化石油ガス(LPG)	21.5〜31 Nm³/Nm³	14.5
都 市 ガ ス (6 C)	4.0 Nm³/Nm³	12.6
都市ガス(13A)(LNG)	11.0 Nm³/Nm³	12

（注）　都市ガスはいずれも大阪瓦斯の場合

である。

ロ）　適量の過剰空気とその燃焼ガス中の（CO_2）％との関係

　燃料の燃焼作業を行っているときに空気過剰係数つまり過剰空気量がいくらになっているかが、刻々の燃焼ガス分析値から計算によって求めることができる。なぜならば燃料中の可燃元素が炭素と水素、いおうだけであるとして、この燃料が理論空気量だけで完全燃焼したとすれば、燃焼ガス中の成分は炭酸ガス、水蒸気、亜硫酸ガス、そして窒素だけで酸素は含んでいないのであり、この場合の炭酸ガス含有率は最大でつまり（CO_2）$_{max}$ を示すわけである。

しかし燃料の完全燃焼には必ず過剰空気を必要とするから、完全燃焼した場合でもその燃焼ガス中の成分は炭酸ガス、水蒸気、亜硫酸ガス、窒素のほかに必ず酸素を含んでいることになり、過剰空気量が多くなるほど酸素と窒素の含有量が多くなるとともに（CO_2）％は薄められて減少することになる。

そして燃料が不完全燃焼しておれば、その燃焼ガス中には炭酸ガス、水蒸気、窒素、酸素のほかに、炭素の不完全燃焼による一酸化炭素、水素の不完全燃焼による水素などが含まれ、不完全燃焼の度合が大きいほど炭酸ガス、水蒸気の含有割合は減少し、その代り一酸化炭素や水素の含有量が増加する。なお過剰空気量が多くなるほど酸素や窒素の含有量が増加するのは完全燃焼の場合と同様である。

燃焼ガス中の成分やその含有割合というものは、このように燃焼状態や過剰空気量の不足や過剰、適量によって変化するから、燃焼ガス分析値によって（CO_2）$_{max}$ や空気過剰係数も計算できるということになる。ただしこれらの数値を計算する場合、一般に燃料中にいおう含有量は問題にしなくてもよいほど微々たるものであり、そして水素含有量も少なく、それに実際の場合、燃焼ガス中に水素を含むことは非常に稀であるから、燃焼ガス中の炭酸ガス（CO_2）と酸素（O_2）および窒素（N_2）そして一酸化炭素（CO_2）のみを考えればよい。

燃焼ガス中のCO_2％、O_2％、CO％、N_2％をそれぞれ（CO_2）、（O_2）、（CO）、（N_2）で表わすと、まず最大ガス率つまり（CO_2）$_{max}$ を求めるには

$$(CO_2)_{max} = \frac{21(CO_2)}{21-(O_2)} \%$$

の式で算出され、これにより $(CO_2)_{max}$ を知れば、空気過剰係数 m は次式によって計算できる。

$$m = \frac{100-(CO_2)}{\dfrac{100-(CO_2)_{max}}{0.79} \times \dfrac{(CO_2)}{(CO_2)_{max}}} + 0.21$$

つぎに不完全燃焼していて燃焼ガス中に CO が存在する場合は

$$(CO_2)_{max} = \frac{21\{(CO_2)+(CO)\}}{21-(O_2)+0.395(CO)} \%$$

で、そして空気過剰係数 m は

$$m = \frac{100-(CO_2)-1.5(CO)}{\dfrac{100-(CO_2)_{max}}{0.79} \times \dfrac{(CO_2)+(CO)}{(CO_2)_{max}}} + 0.21$$

の式で計算できる。なぜこれらの式で計算できるのかその根拠などの解説は省略するが、一応計算してみる。

例えば煙道ガス分析の結果 (CO_2) が12.6%、(O_2) が6.4%、(CO) が 0 %であるとき、この $(CO_2)_{max}$ および空気過剰係数 m を求めると、すなわち

$$(CO_2)_{max} = \frac{21 \times 12.6}{21-6.4} = 18.1\%$$

$$m = \frac{100-12.6}{\dfrac{100-18.1}{0.79} \times \dfrac{12.6}{18.1}} + 0.21 = 1.212 + 0.21 = 1.42$$

と、$(CO_2)_{max}$は18.1％、そしてmは1.42で、過剰空気率は42％ということになる。

以上の計算は、燃焼ガス中のCO_2％、O_2％、CO％によって求める式であるが、燃焼ガスの分析によって得た窒素の％（N_2）を用いても空気過剰空気係数mは求められる。しかしこの場合は前記の式で求める場合よりも少し不正確な数値になる。すなわち次式により

$$m = \frac{21(N_2)}{21(N_2) - 79(O_2)}$$

と求められ、もし不完全燃焼により（CO）を含む場合は

$$m = \frac{21(N_2)}{21(N_2) - 79\{(O_2) - 0.5(CO)\}}$$

で計算できるのである。

そして燃料中の水素分がとくに少ない場合は、炭素の燃焼に似て$(CO_2)_{max}$は21％とみなすことができるから

$$m = \frac{(CO_2)_{max}}{(CO_2)}$$

となり、また空気中の窒素は79％であるから

$$m = \frac{21}{21 - (O_2)}$$

によってmの概略値が計算できる。

とにかく燃焼ガスの分析結果によって、燃料の$(CO_2)_{max}$や空気過剰係数mつまり過剰空気量が計算できるということをよく理解する必要がある。

そして空気過剰係数mの概略値は

$$m = \frac{(CO_2)_{max}}{(CO_2)} \quad または \quad m = \frac{21}{21-(O_2)}$$

の両式で計算できるごとく、燃焼ガス分析といってもその燃焼ガス成分中の炭酸ガス含有割合つまりCO_2％、または酸素含有割合つまりO_2％を知ることによって、上記の両式のごとく簡単な計算方法で空気過剰係数つまり過剰空気量の概略を知ることができる。ということは燃焼ガス中のCO_2％あるいはO_2％の大小によって、経済的な完全燃焼をしたか否かが判定されるわけである。

したがって一般に煙道や炉の出口の適当な個所に炭酸ガス計あるいは酸素計を取り付けて、刻々の燃焼ガス中のCO_2％あるいはO_2％を知るのである。

しかし普通には炭酸ガス計でCO_2％のみを知り、これで過剰空気量つまり空気過剰係数を計算する場合が圧倒的に多い。

研究の結果により、各種燃料や燃焼方法に最も適した空気過剰係数 m の概略値は定まっており、この m の数値と燃焼ガス中の(CO_2)％の関係を示すと表のごとくになる。だからこの数値を標準として刻々の燃焼ガス中の(CO_2)％が、この数値になるように過剰空気量の調整つまり燃焼調節を図ることが肝要である。

参考までに重油燃焼の場合を例に実際空気量と燃焼ガス中の(CO_2)％と(O_2)％の関係を図に示す。これは設楽正雄氏が発表されたものである。

もし重油を空気過剰係数1つまり理論空気量で完全燃焼したとすれば図示のごとく、その(CO_2)％は16％と最大でいわ

実際燃焼における空気過剰係数 m および燃焼ガス中の(CO_2)％

	石炭				油	ガス
	手だき	散布ストーカと水平火格子ストーカだき	移動火格子ストーカだき	微粉炭バーナだき	バーナだき	バーナだき
m	1.5～2.0	1.4～1.7	1.3～1.5	1.2～1.4	1.1～1.3	1.05～1.2
(CO_2)％	8～10	10～12	10～14	11～15	11～14	8～20

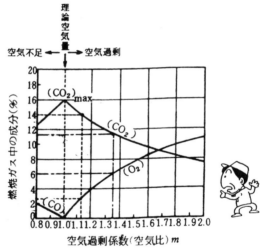

重油燃焼における空気過剰係数と燃焼ガス中の CO_2％、O_2％、CO％との関係

（注）上図は、元明治大学教授設楽正雄氏が発表されたものである。

ゆる $(CO_2)_{max}$ であり、このときの (O_2)％は0％となる。すなわちこの場合の燃焼ガス中の炭酸ガスは16％で酸素は全く含まれないことになる。

つぎに空気過剰係数1.14つまり理論空気量プラス過剰空気量11.4％の実際空気量で燃焼した場合の燃焼ガス中の (CO_2)％は14％、(O_2)％は2.8％であり、空気過剰係数1.35で燃焼すればその燃焼ガス中の (CO_2)％は11.2％、(O_2)％は6％ということになり、重油の実際燃焼における最適空気量は概略、空気過剰係数1.15～1.35つまり過剰空気量が理論空気量の15～35％程度とされ、この場合の燃焼ガス中の (CO_2)％は14～11％であり、そのO_2％は3～6％である。

そして空気過剰係数が1.4をこえるような場合は空気が過剰となり、燃焼ガス中の (CO_2)％は減少するのに逆比例して (O_2)％は急増していき、もし重油が完全燃焼したとしても経済的な燃焼とはいえず、また空気過多による不完全燃焼状態となるなどいわゆる不良燃焼となる。

図を見れば解るように、当該燃料の理論空気量で燃焼した場合(仮定して)の (CO_2)％は最も多く、いわゆる $(CO_2)_{max}$ を頂点として過剰空気が増加するにつれて排ガス中の (CO_2)％は減少していき、(O_2)％は増加していくことになる。

したがって、燃焼ガス中の (CO_2)％がなるべく当該燃料の $(CO_2)_{max}$ の値に近くなるように、そして (O_2)％はなるべく少なくなるように燃焼の過剰空気を調節しなければならないのである。

ところで排ガス中の (CO_2)％は理論空気量にも満たない空

気不足による不完全燃焼の場合でも、例えば空気過剰係数が1.15という最適空気量で燃焼した場合と同じ％を示すことになる。

(8) 過剰空気の燃焼に及ぼす影響を再認識しておこう

燃料を経済的な範囲で完全燃焼させるための供給空気は、当該燃料の理論空気量に適量の過剰空気をプラスして供給することが肝要で、その過剰空気が適量であるか否か燃焼状態の適否を判定するのに、燃焼ガス中のCO_2％またはO_2％を検出してこれを基準とする。以上のことは繰り返し述べてきたが、これは過剰空気の過不足による弊害が大きいからで、この弊害を具体的に示す前にもう少し燃焼ガスに関して話を続けたいと思う。

① 燃焼ガス量

燃料が燃焼したときに生ずる高温のガスを燃焼ガスといい、この燃焼ガスはその流動域などによって排ガス、煙道ガスといって区別されていることはすでに説明したが、燃焼ガスは既述のごとくいろんな成分よりなっていて、そのうちの水蒸気は過熱蒸気の状態で含んでおり、この水蒸気を含む燃焼ガスを"湿り燃焼ガス"（"燃焼湿りガス"または単に"燃焼ガス"ともいう）というのである。

もちろん燃焼ガスはすべて水蒸気を含む湿り燃焼ガスなのであり、したがってこの湿り燃焼ガスのことを単に燃焼ガスともいうのであるが、湿り燃焼ガスは高温状態にあるため水蒸気を含んでいるわけである。

しかし常温状態にまで温度低下した燃焼ガスは、ガス中の水蒸気が水に凝縮し水蒸気がいわば分離されたような状態となるが、燃焼工学上のいろんな計算などには便宜上、水蒸気を除外して考える場合が多く、この場合の燃焼生成水蒸気を除いた燃焼ガスを"乾き燃焼ガス"("燃焼乾きガス")という。しかしながらこれは完全に乾燥したガスではないのでこの点誤解のないようにしなければならない。

なお過剰空気をまったく供給しないで空気過剰係数 $m=1$ つまり理論空気量だけで燃料を完全燃焼したとして計算する燃焼ガス量を"理論燃焼ガス量"といい、理論空気量プラス過剰空気量で燃焼させたときに生成する燃焼ガス量のことを"実際燃焼ガス量"という。したがって燃焼ガス量には理論湿り燃焼ガス量、理論乾き燃焼ガス量、実際湿り燃焼ガス量、実際乾き燃焼ガス量とがあることになる。

固体または液体燃料に過剰空気を与えて完全燃焼が行われた場合に、燃料1kgより生ずる実際湿り燃焼ガス G_m（Nm³/kg）は次式で計算できる。

この計算式の説明は省略するが、空気過剰係数が大なるほど、つまり過剰空気量が多くなるほど燃焼ガスが増加する。

$$G_m = (m-0.21)L_0 + 1.867\,c + 11.2\,h + 0.7\,s + 1.244 + 0.8\,n$$

（空気よりの酸素と窒素）　炭酸ガス　水蒸気　亜硫酸ガス　水分　窒素
空気過剰係数　理論空気量

そして燃料1kgより生ずる実際乾き燃料ガス量 G_d（Nm³/kg）は、燃焼ガス中の（CO_2）％と燃料中の炭素分からもその

概略の計算ができる。

すなわち完全燃焼した場合は

$$G_d = \frac{1.867\, c \times 100}{(CO_2)\%}$$

不完全燃焼で一酸化炭素の生成も認められる場合は

$$G_d = \frac{1.867\, c \times 100}{(CO_2)\% + (CO)\%}$$

となって、燃焼ガス中の $CO_2\%$ そして $CO\%$ と、燃料の炭素分が判れば上記の式で乾き燃焼ガス量は求められる。

この計算式の説明も省略するが $CO_2\%$ の少ないほど、つまり過剰空気量の多いほど燃焼ガス量は増加する。

いま3つの計算式を示したが、これらは要するに単位量の燃料が概説するのに、過剰空気量が増加すればそれに比例して燃焼ガス量も増加することを示している。

なおロジン氏などは多くの実験結果より、理論燃焼ガス量 G_0 を求める近似式を示している。まず固体および液体燃料の場合はその G_0 (Nm^3/kg) は次式のごとく示され

$$G_0 = 1.11 \times \frac{燃料の低発熱量}{1,000} + 0.3$$

低カロリ（300～3,000 kcal/Nm³）の気体燃料の場合の G_0 (Nm^3/Nm^3) は

$$G_0 = 0.725 \times \frac{燃料の低発熱量}{1,000} + 1.0$$

そして、高カロリ（4,000 kcal/Nm³ 以上）の気体燃料の場合の G_0 (Nm^3/Nm^3) は

$$G_0 = 1.14 \times \frac{燃料の低発熱量}{1,000} + 0.25$$

で計算できる。

　しかし実際燃焼には過剰空気を必要とするから、実際燃焼ガス量 G は実際空気量のうち理論空気量が変じて理論燃焼ガス量になったものと、残余の過剰空気量との和に等しくなるから次式のごとく

　　$G = $ 理論燃焼ガス $+$ 理論空気量 $\times (m - 1)$

によって求めなければならない。

　ともかく何回も述べるごとく燃料というものは、各燃料に適量の過剰空気で完全燃焼させるのが最も効果的であり、過剰空気量の過多はいま述べたようにそれに比例して燃焼ガス量（排ガス量）が増加し、これは燃焼効果や燃焼装置の使用効率、ボイラーなどの伝熱面の伝熱効果などあらゆる面でよくないことである。これがなぜ燃焼に悪影響をおよぼすのか、つぎの燃焼温度の項で説明する。

　燃焼に要する必要空気量や燃焼ガス量がわかれば、ボイラーなどの燃焼装置、空気供給装置、煙突や煙道など一連の燃焼諸設備の設計や改造、所要燃料量の見積りあるいは燃焼温度や燃焼室温度、ボイラーなどの熱効率などの計算をすることができる。

② 燃焼温度

　燃料の燃焼により発生する高温の燃焼ガスの温度を"燃焼温度"（"火炎温度"）といい、燃焼温度は主として燃料の発熱量によって定まるのであるが、燃料の種類、過剰空気量や

燃焼室の保温性、そのほかの条件などによって異なってくる。

いま燃焼室の周壁が完全な断熱体で外界への熱損失がまったくなく、その燃焼室で燃料の燃焼が瞬間的に完全に行われたものとする。この場合、燃料の低発熱量を H_l kcal/kg または kcal/Nm³、燃焼前の燃料の単位量とそれに燃焼する空気とが保有する顕熱を Q kcal/kg または kcal/Nm³、燃料の単位量より発生する燃焼ガス量を G Nm³/kg または Nm³/Nm³、燃焼ガスの平均等圧比熱を C_{pm} kcal/Nm³ ℃とすれば、その燃料の理的到達できる最高の温度 t_r（℃）は次式によって計算できる。すなわち

$$t_r = \frac{H_l + Q}{G \times C_{pm}}$$

この t_r の値を"理論燃焼温度"という。

この理論燃焼温度の計算式もその解説は省略するが、要するに燃料の低発熱量の大なるほど、そして燃焼ガス量の少ないほど、つまり過剰空気量の少ないほど燃焼温度が高くなるというわけである（図参照）。この理論燃焼温度の値は燃焼効率100%、つまり理論空気量だけで完全燃焼したとし、発生した熱が全部燃焼生成物の温度上昇に使われ、そのうえ燃焼室からの放熱損失はまったくないものとした理論値である。

実際燃焼に際しての燃焼最高温度を"実際燃焼温度"というが、実際燃焼温度は理論燃焼温度値の0.6～0.8倍以下の温度になるものと判断すればよい。

参考までに実際燃焼温度 t（℃）の計算式を示すとつぎのごとく

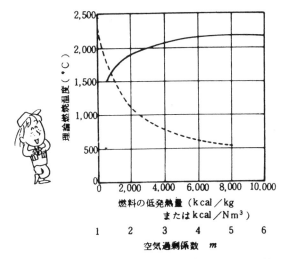

── は石炭の発熱量の変化と理論燃焼温度との関係
---- は空気過剰係数の変化と理論燃焼温度との関係

発熱量および空気過剰係数と理論燃焼温度との関係

$$t = \frac{\eta \times H_l + Q - Q_l}{G \times C_{pm}}$$

ただし、η＝燃焼効率（％）、Q_l＝放射および伝導による熱損失（kcal/kg）となり、燃焼効率と低発熱量は同一燃料ではほぼ同一であるから、実際燃焼温度は燃焼ガス量が多くなるほど（空気過剰係数が大になるほど）、かつ熱損失が多くなるほど低下することになる。

各燃料における理論燃焼温度および実際燃焼温度の概略値を示すと表のごとくであり、同一燃料であっても燃焼装置などによって熱損失値が変わるのである。

各燃料の理論および実際燃焼温度の概略値

燃　　料	理論燃焼温度（℃）	実際燃焼温度（℃）
水　　　　　素	2,250	平均　1,700
一 酸 化 炭 素	2,390	
メ　タ　ン	2,050	
プ　ロ　パ　ン	2,150	
ブ　タ　ン	2,200	
都 市 ガ ス （5,000 kal/Nm³）	2,055	
重　　　　　油	2,100	1,400〜1,600

　ともかく燃焼温度というものは燃料の発熱量が同じであれば、理論空気量だけで完全燃焼した場合（この場合の燃焼ガス量は理論燃焼ガス量であり最も少ない）が最高でいわゆる理論燃焼温度であり、実際の燃焼では過剰空気が必要で過剰空気量や熱損失が増加するにつれて燃焼温度は低下してくる。

　もちろん燃焼温度は高いほど理想的な完全燃焼しているのであるから、できる範囲で過剰空気量が少ない方がよいということがこれによって理解できる。

　この燃焼温度は炎の状態、燃焼ガス中の CO_2％、O_2％、N_2％とともに燃焼状態の良否を示すバロメータであり、さらに燃料の着火の安定性を大きく支配するもので燃焼管理の重要な指標となる。

　さらにいまの燃焼温度を求める式から解ることは、もし燃料の発熱量そして過剰空気係数が同一であれば、供給する空気の温度が高いほど燃焼温度も高くなるという関係である。

燃焼温度を高く保つように、つまり燃料を効率よく完全燃焼させるにはなるべく少ない過剰空気で、さらにできるだけ高温度の空気を用いればよいということである。

(9) 燃焼効率と熱効率はどう違うのかな？

"燃焼効率"というのは、燃料の発熱量に対し炉内などで実際に燃焼して発生した熱量の比を％で示したもので、燃焼による熱損失のうち燃渣損失 L_c と不完全燃焼損失 L_i とは燃焼炉内で発生されるべき熱量、つまり燃料の低発熱量 H_l の一部が実際に発生されていないことを示すものである。

したがって単位燃料より実際に発生された燃焼熱は $H_l - L_i - L_c$ であって、この値と理論的に発生し得る熱量つまり低発熱量 H_l に対する割合が燃焼効率 η_c であり、次式で表わされる。

$$\eta_c = \frac{H_l - L_c - L_i}{H_l}$$

燃焼効率を高めるには既述のように、不完全燃焼させることのないように効率よく完全燃焼させることが必要である。

燃焼効率は燃焼装置の種類や燃焼室の構造、燃焼操作技術の如何などにより相違するが、一般的な最高効率を示せば石炭手だきの場合で80～90％、石炭のストーカだきで90～97％、微粉炭だきや重油だきあるいはガスだきのいわゆるバーナ燃焼の場合で95～98％程度といわれている。

熱効率とは有効に利用される熱量の供給熱量に対する比をいい、これを簡単な式に示すと

$$\text{熱効率} = \frac{\text{有効利用熱量}}{\text{供給発生熱量}}$$

$$= \frac{\text{ボイラーが伝熱面で実際に吸収する熱量}}{\text{燃料がボイラーの燃焼室で理論的に発生する熱量}}$$

ということになり、ボイラーの場合はボイラー効率がこの熱効率に該当する。熱効率を高めるためには燃焼効率を高めるのはもちろんのこと、ボイラーにおける伝熱効率を高めることが必要で、この伝熱効率を高める、すなわち燃焼による発生熱量をできるだけ多くボイラーに吸収されるということ。

⑽ 一次空気および二次空気とは、どう違うねん？

燃料を実際に完全燃焼あるいは経済的に燃焼させるには、各燃料に適した理論空気量プラス適量の過剰空気を供給する必要があり、この供給空気量の過不足は燃焼上に弊害を生じる。

とにかく燃料の燃焼には適量のいわゆる燃焼用空気（実際空気）を供給するようにしなければならないが、ただばく然と適量の空気を供給すればよいというものではなく、やはり燃料の種類や燃焼方法、燃焼装置に適した方法で供給してやらなければ効果は十分に期待できない。その主な一つの概略は一次空気、二次空気とに分け、場合によってはさらに三次空気と段階的に燃焼用空気を供給することである。

① 一次空気

一次空気というのは、燃焼口または燃焼口の手前で供給つまり燃料供給装置から導入し、最初に燃料に接触して燃焼反

応におよぶ空気のことで、学問的に表現すれば、燃焼室において連続燃焼が継続するように循環流を伴う燃焼領域を"一次燃焼領域"といい、この部分の"空燃比"(燃料流量〔重量〕に対する空気流量〔重量〕の割合)は"理論空燃比"(供給した燃料を完全燃焼させるために理論上必要な空気いわゆる理論空気と、その燃料との重量比)に近く、空気に乱れと定常的な逆流とを生じるように考慮されているのが一般的である。この一次燃焼領域に送り込むために燃料供給装置より直接供給する空気を"一次空気"というのである。

一次空気といってもその供給箇所や供給量あるいは主目的なども種々異なるが、一般的には石炭の火格子燃焼の場合は火格子の下方から供給される。

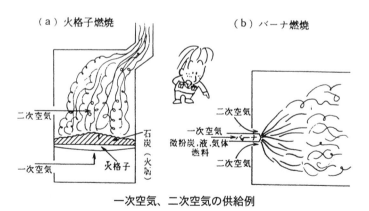

一次空気、二次空気の供給例

そのほとんどが燃焼反応そのものを目的に送入し主として燃焼にあずかるのである。

液体、気体燃料あるいは微粉炭といったいわゆるバーナ燃

焼の場合には、図に示すように燃料と空気をバーナへともに供給するのであって、微粉炭燃焼の場合は微粉炭自体をバーナに送ったり、あるいはバーナより噴出させるのが主目的であり、重油燃焼の場合も重油を霧化（噴霧）させるのが主目的である。

いずれにしてもバーナ燃焼の場合の一次空気は、火格子燃焼のように燃焼反応を主目的とするのではなく、燃料を空気（二次空気）と接触（反応）させやすくするために霧化すなわち気化状にするために用いるのを主目的とするのである。そのために一次空気をまったく供給しない場合もある。

したがってその供給量は火格子燃焼においては実際空気量つまり全燃焼用空気供給量の大部分あるいは全部（95～100％）を一次空気として供給するのに対し、バーナ燃焼では実際空気量の一部が一次空気として供給されるに過ぎないのである。

② 二次空気

理論の上ではともかく、いずれの燃焼方法の場合でも実際の燃焼においては一次空気だけで燃料を効果的に燃焼させることは困難あるいは不可能で、とくに黒い煙つまり俗にいうばい煙発生の根源である揮発分を燃焼させるのは困難である。

そこで一次空気で完全燃焼し得ない燃焼ガス中の可燃ガス、つまり一酸化炭素や揮発分などに火がついてまさに火炎となろうとしている状態のガスに、いま一度、空気を送入してこれらの未燃ガスとこの空気をよく接触混合させ、これの完全燃焼を助けてやるのである。

このように一次空気で燃焼しにくい揮発分などの完全燃焼のために、これらの未燃ガスとよく接触混合しやすい箇所へ別の空気を供給し、未燃ガスを完全燃焼させる目的のために供給する空気を"二次空気"というのである。この二次空気を学問的に説明すると"二次燃焼領域"（一次燃料領域に続いて十分な空気を混入し燃焼を完結させる領域）に注入される空気ということになる。

　二次空気も一次空気と同じく、その供給箇所や方法、供給目的や供給量などもそれぞれ異なるが、火格子燃焼の場合における二次空気の供給箇所は、火格子上の燃料層（火層）上の可燃ガスの火炎中に供給するのが一般的で（図の (a) 参照）、これは火格子の下部から供給される一次空気は火層に上がる通風抵抗のためにその空気量が不足し、火層内部から分解遊離する揮発分を完全燃焼することが困難または不可能になることがときたま生じたり、あるいは火層中で炭酸ガスが還元して一酸化炭素を生じたりするわけである。

　このために火層上部の火炎中に別の空気つまり二次空気を送入し、これらの未燃ガスを完全燃焼させるようにするのである。

　しかしその供給量は実際空気量の数％程度に過ぎず、火格子燃焼においては一次空気が主に燃焼にあずかる主空気であって、二次空気はいわば補助的空気といえる。

　しかしバーナ燃焼における二次空気は旋回または交差噴出によって、燃料と一次空気とかバーナより霧化つまり気化状として噴霧され、燃焼しつつある二次燃焼領域中に供給し、

燃料と空気との混合接触を良好にしながら主として燃焼にあずかるいわば主空気となる。バーナ燃焼における二次空気の供給箇所は一般にバーナの周辺あるいは下方から吹き込むのである（図の (b) 参照）。

バーナ燃焼の場合の二次空気としての供給割合は、燃料の種類、燃焼装置そして方法、燃焼室の構造などによって著しく異なり千差万別であるが、微粉炭燃焼の場合での一般的な供給割合は実際空気量の30〜35％を一次空気、65〜70％を二次空気としているようで、微粉炭燃焼でもサイクロンバーナの場合では実際空気量の15％を一次空気、80％を二次空気、残りの5％を三次空気とするような場合もある。

そして重油燃焼の場合の二次空気供給割合は、実際空気量の5〜100％もの広範囲におよぶのであり、ガス燃焼におけるそれはバーナ形式などによって重油燃焼の場合よりさらに異なり、その二次空気供給割合は0〜100％もの広範囲におよぶのである。

ともかく二次空気の供給する位置やその量などは燃焼効果に大きな影響を及ぼすもので、供給位置としては揮発分がまさに着火しようとする付近を選ぶのが適当であり、また二次空気は燃焼温度を下げ燃焼を悪化させないように予熱した方がよく、大容量のバーナでは200〜400℃程度に予熱することが多い。

そして二次空気は風圧を高くして十分火炎の中に吹き込んで炉内の燃焼ガス流をかき乱し、可燃ガスと空気との混合接触をよくさせることが肝要で、このようにして二次空気の供

給位置や方法そしてその量や状態を適切にすることによって、炭化水素の完全燃焼が促進され、炭化水素の不完全燃焼による炭素微粒子の遊離、つまりすすの発生を少なくできるので、ばい煙防止上にも大いに効果がある。

ともかく燃料の燃焼率は主として一次空気の量によって支配され、燃焼の良否は二次空気の供給方法によって左右されるのである。

ところで例えば無煙炭のように揮発分が極めて少なく燃焼しにくい燃料で、その着火の安定を図るため一次空気、二次空気を減じて、燃焼過程中に別の箇所から供給する空気とか、また例えば火炎の形状調整のために一次空気や二次空気とは別個に供給する空気のことを"三次空気"というが、この三次空気をも供給するのはごく特殊な場合だけであって、一般には燃焼用空気は一次空気と二次空気とに分けて供給するのが普通である。

(11) 発熱量の計算って難しそうだね

燃料が完全燃焼したときに発生する熱量を"発熱量"といい、固体燃料および液体燃料の場合にはその単位重量つまり1 kgの完全燃焼によって発生する熱量であるからkcal/kgで表わし、気体燃料においては標準状態における単位体積つまり1 Nm^{3}の完全燃焼によって発生する熱量であり、したがってkcal/Nm^{3}で表わすのである。そして燃料の可燃元素としては炭素（C）といおう（S）などの他に必ず水素（H）を含有しているが、水素の燃焼反応は

$$H_2 + \frac{1}{2} O_2 = H_2O \text{（水）} + 68,380 \text{ kcal/kmol}$$

であり、水素 1 kg 当りの発熱量は 34,000 kcal/kg となる。

しかし水素の機械生成物である水蒸気が凝縮して水になるわけであるが、実際の工業上では100℃以上の水蒸気のまま大気中に拡散し、水の潜熱に相当する熱量はまったく利用できずこの分の熱量を差し引く必要がある。すなわち

$$H_2 + \frac{1}{2} O_2 = H_2O \text{（水蒸気）} + 57,760 \text{ kcal/kmol}$$

水素の実際上の有効な発熱量は 28,600 kcal/kg となる。

水素の燃焼反応において前者の燃焼生成物として水蒸気が水に戻る。つまり水の潜熱も発熱量を含めた 34,000 kcal/kg の場合を"高発熱量"（総発熱量、高位発熱量）といい、普通は H_h または H_0 と記号される。そして後者の高発熱量－水の潜熱という水素の実際上の有効発熱量の 28,600 kcal/kg の場合を"低発熱量"（真発熱量、正味発熱量、低位発熱量）といい、一般に H_l または H_u と記号する。

高発熱量は固体燃料および液体燃料の場合はポンプ式熱量計で、そして気体燃料の場合はユーカンス式熱量計で測定するが、燃料の分析結果によりこれを計算することができる。

① **高発熱量の計算**

イ） **固体および液体燃料の高発熱量計算**

固体および液体燃料の元素分析の結果、燃料 1 kg 中に含有する可燃元素が炭素の量が c kg、水素の量が h kg、いおうの量が s kg、酸素の量が o kg とすれば、既述のように炭素の

発熱量は 8,100 kcal/kg、水素の高発熱量は 34,000 kcal/kg、いおうの発熱量は 2,500 kcal/kg であるから、その高発熱量 H_h（kcal/kg）は

$$H_h \text{(kcal/kg)} = 8,100 \times c + 34,000 \times \left(h - \frac{o}{8}\right) + 2,500 \times s$$

という式で計算できる。なお式中の $\left(h - \dfrac{o}{8}\right)$ は有効水素である。

例えば、$c = 73\%$、$h = 4.5\%$、$o = 8\%$、$s = 2\%$ という分析結果の石炭の高発熱量（H_h kcal/kg）を計算すると

$$H_h = 8,100 \times 0.73 + 34,000 \times \left(0.045 - \frac{0.08}{8}\right) + 2,500 \times 0.02$$

$$= 5,913 + 1,190 + 50 = 7,153 \text{ kcal/kg}$$

と、この場合の石炭の高発熱量は 7,153 kcal/kg となる。

ロ）気体燃料の高発熱量計算

気体燃料は各種可燃ガス成分いわゆる単純ガスの混合体であるため元素分析がほぼ不可能で、成分分析により気体燃料中の可燃ガスが分析される。したがってこの成分分析による各種可燃ガス成分の含有割合により、それぞれの各可燃ガスの高発熱量の和により求められる。各種可燃ガスの高発熱量および低発熱量の数値については「可燃ガス成分の燃焼に関する表」（58頁）を参照されたい。

例えば、都市ガス13Aいわゆる天然ガスの組成はメタン（CH_4）が88％、エタン（C_2H_6）が 6 ％、プロパン（C_3H_8）4 ％、ブタン（C_4H_{10}）2 ％であるが、これらの各可燃ガスの高発熱量はメタンが 9,520 kcal/Nm³、エタンが 16,820 kcal/Nm³、プ

ロパンが 24,320 kcal/Nm³、ブタンが 32,010 kcal/Nm³ であるから、都市ガス13Aの高発熱量（H_h kcal/Nm³）は

$$H_h = 9,520 \times 0.88 + 16,820 \times 0.06 + 24,320 \times 0.04 \\ + 32,010 \times 0.02 \\ = 8,377.6 + 1,009.2 + 972.8 + 640.2 = 11,000 \text{ kcal/Nm}^3$$

ということになる。

② 低発熱量の計算

イ) 固体および液体燃料の低発熱量計算

さきの固体および液体燃料の高発熱量計算の場合を参照して、燃料の化学分析の結果さらに水分が w kgであるとすれば、この燃料の低発熱量（H_l kcal/kg）は次式で求められる。

$$H_l = 8,100 \times c + 28,600 \times \left(h - \frac{o}{8}\right) + 2,500 \times s - 600 \times w$$

式中の28,600という数値はもちろん水素の低発熱量であり、そして $600 \times w$ は燃料中の水分 w kgの蒸発に要する熱量であって、水の蒸発熱の概略値として 600 kcal/kg が用いられる。

例えば $c = 73\%$、$h = 4.5\%$、$o = 8\%$、$s = 2\%$、水分 $= 4\%$ という元素分析結果の石炭の低発熱量を計算すると

$$H_l = 8,100 \times 0.73 + 28,600 \times \left(0.045 - \frac{0.08}{8}\right) + 2,500 \times 0.02 \\ - 600 \times 0.04 \\ = 5,913 + 1,001 + 50 - 24 \\ = 6,940 \text{ kcal/kg}$$

ということになる。

ロ）気体燃料の低発熱量計算

この場合は、気体燃料中の各種可燃ガス成分の含有割合に応じて、それぞれの各可燃ガスの低発熱量の和で求められるわけで、さきの気体燃料の高発熱量計算を参照して都市ガス13A（高発熱量は 11,000 kcal/Nm³）の低発熱量を計算すると、表によりメタンの低発熱量は 8,550 kcal/Nm³、エタンが 15,370 kcal/Nm³、プロパンが 22,350 kcal/Nm³、ブタンの低発熱量が 29,510 kcal/Nm³ であるから、

$$H_l = 8,550 \times 0.88 + 15,370 \times 0.06 + 22,350 \times 0.04 \\ + 29,510 \times 0.02 \\ = 7,524 + 922.2 + 894 + 590.2 = 9,930 \text{ kcal/Nm}^3$$

と、都市ガス13Aの低発熱量は 9,930 kcal/Nm³ である。

③ 高発熱量より低発熱量の概略換算方法

燃料の発熱量については一般に高発熱量が示される場合が多く、単に"発熱量"と示してあれば高発熱量を意味していると判断してよいほどである。そしてまた通常は高発熱量を示すだけで当該燃料の分析値がまったく示されない。または一部しか示されないことが圧倒的であり、したがって低発熱量の計算を行えない場合が多い。このような場合にはつぎに示すような高発熱量の数値から概略の低発熱量を計算する方法で求めればよい。

イ）固体および液体燃料における低発熱量の概略値の求め方

高発熱量（H_h）より燃焼生成物中の水蒸気の潜熱を差し引いたものが低発熱量（H_l）であるから、H_h がわかっておりか

つ燃料中の水素 (h) および水分 (w) の含有割合がわかっている場合は、その燃料の低発熱量 (H_l kcal/kg) は次式で求められる。

$$H_l = H_h - 600 \times (9 \times h + w)$$

例えば高発熱量 11,000 kcal/kg のA重油で含有水素分が13%、そして水分が0.5%の場合の概略低発熱量は

$$H_l = 11,000 - 600 \times (9 \times 0.13 + 0.005)$$
$$= 11,000 - 705 = 10,295 \text{ kcal/kg}$$

ということになる。

そして高発熱量の数値しかわからないときには液体燃料の場合の低発熱量は次式で求めればよい。すなわち

$$H_l = H_h - (50.45 \times h)$$

ただし、式中の h は燃料中の水素分(%)で、灯油、軽油、原油、A重油の場合は13%、B重油の場合は12%、C重油の場合は11%とすればよい。

したがっていまと同じく高発熱量 11,000 kcal/kg とメーカが示すA重油の概略の低発熱量は

$$H_l = 11,000 - (50.45 \times 13) = 10,344 \text{ kcal/kg}$$

ということになる。

なお、高発熱量しかわからない場合における石炭の概略低発熱量は、高発熱量の数値から200～300を差し引いたものと判断してよい。

ロ） 気体燃料における低発熱量の概略値の求め方

気体燃料における高発熱量から低発熱量を求めるのは複雑なので省略するが、ボイラーの気体燃料として主に用いられ

る都市ガスと液化石油ガスの場合の高発熱量より概略の低発熱量（H_l kcal/Nm^3）の求め方のみを示しておく。この計算式を示すと

$H_l = x \times H_t$

ただし、式中の x は定数で都市ガスの場合には0.9、液化石油ガスの場合には0.925とすればよい。

例えば都市ガス13Aの高発熱量は 11,000 kcal/Nm^3 であるから、

$H_l = 0.9 \times 11,000 = 9,900$ kcal/Nm^3

となる。

```
重油，灯油，軽油の高発熱量      10000〜10500 kcal/kg
液化石油ガス（LPG）  〃       24000〜26000 kca/Nm³
天然ガス          〃        7500〜11000 kcal/Nm³
重油などの低発熱量は高発熱量の値から 600〜650 を差し引きます．
ガス燃料の低発熱量は高発熱量の 90％程度です
```

（注） kcal は現在正式には用いません。しかし従来から広く使用されていたので、いまも多用されています。したがって、kcal と KJ（SI単位）の関係をよく理解しておきましょう。
　　1 kcal は、SI単位では 4.18605 KJ（キロジュール）

著者略歴

中井　多喜雄（なかい　たきお）

1950年　京都市立四条商業学校卒業
　　　　垂井化学工業株式会社入社
1960年　株式会社三菱銀行入社
現　在　技術評論家（建築物環境衛生管理技術者・建築設備検査資格者・特級ボイラー技士・第1種冷凍機械保安責任者・甲種危険物取扱者・特殊無線技士）

＜おもな著書＞
　福祉住環境テーマ別用語集／学芸出版社
　福祉・住環境用語集／学芸出版社
　イラストでわかる一級建築士用語集／学芸出版社
　イラストでわかる二級建築士用語集／学芸出版社
　イラストでわかる管工事用語集／学芸出版社
　イラストでわかるビル管理用語集／学芸出版社
　イラストでわかる建築施工管理用語集／学芸出版社
　イラストでわかる空調設備のメンテナンス／学芸出版社
　イラストでわかる給排水・衛生設備のメンテナンス／学芸出版社
　イラストでわかる建築電気設備のメンテナンス／学芸出版社
　イラストでわかるビル掃除・防鼠防虫の技術／学芸出版社
　イラストでわかる建築電気・エレベータの技術／学芸出版社
　イラストでわかる防災・消防設備の技術／学芸出版社
　イラストでわかる給排水・衛生設備の技術／学芸出版社
　イラストでわかる空調の技術／学芸出版社
　廃棄物処理技術用語辞典／日刊工業新聞社
　ガスだきボイラーの実務／日刊工業新聞社
　図解ボイラー用語事典／日刊工業新聞社

図解配管用語事典／日刊工業新聞社
SI単位ポケットブック／日刊工業新聞社
ボイラーの燃料燃焼工学入門／燃焼社
ボイラーの水処理入門／燃焼社
スチームトラップで出来る省エネルギー／燃焼社
鋳鉄製ボイラーと真空式温水ヒータ／燃焼社
ボイラーの運転実務読本／オーム社
ボイラーの事故保全実務読本／オーム社
新エネルギーの基礎知識／産業図書
ボイラー技士のための自動制御読本／明現社
ボイラー技士のための自動ボイラー読本／明現社
ボイラー一問一答取扱い編／明現社
SI単位早わかり事典／明現社
最新エネルギー用語辞典／朝倉書店
自動制御用語辞典／朝倉書店
危険物用語辞典／朝倉書店
ボイラー自動制御用語辞典／技報堂出版
建築設備用語辞典／技報堂出版
よくわかる！　1級ボイラー技士試験／弘文社
よくわかる！　2級建築士試験／弘文社
2級土木施工管理技士検定試験／学献社
図説燃料・燃焼技術用語辞典／学献社

石田　芳子（いしだ　よしこ）

1981年　大阪市立工芸高校建築科卒業
現　在　石田（旧木村）アートオフィス主宰／二級建築士

＜おもな著書＞
　イラストでわかる一級建築士用語集／学芸出版社
　イラストでわかる二級建築士用語集／学芸出版社
　イラストでわかる管工事用語集／学芸出版社
　イラストでわかるビル管理用語集／学芸出版社
　イラストでわかる建築施工管理用語集／学芸出版社
　イラストでわかる空調設備のメンテナンス／学芸出版社
　イラストでわかる給排水・衛生設備のメンテナンス／学芸出版社
　イラストでわかる建築電気設備のメンテナンス／学芸出版社
　イラストでわかるビル清掃・防鼠防虫の技術／学芸出版社
　イラストでわかる建築電気・エレベータの技術／学芸出版社
　イラストでわかる防災・消防設備の技術／学芸出版社
　イラストでわかる給排水・衛生設備の技術／学芸出版社
　イラストでわかる空調の技術／学芸出版社
　マンガ建築構造力学入門Ⅰ、Ⅱ／集文社

知っているようで知らない**燃焼雑学ノート**

平成30年6月25日　第1版第1刷発行

©著　　者　　中　井　多喜雄
　さ し 絵　　石　田　芳　子
　発 行 者　　藤　波　　　優
発 行 所　　㈱ 燃　焼　社
〒558-0046 大阪市住吉区上住吉2-2-29
　　　ＴＥＬ　06（6616）7479
　　　ＦＡＸ　06（6616）7480
　　　振替口座　0094-4-67664
　印 刷 所　　㈱ ユ ニ ッ ト
　製 本 所　　㈱佐伯製本所

ISBN978-4-88978-128-1　　Printed in Japan 2018

落丁・乱丁本はお取替えいたします。